21世纪高等学校规划教材

建筑热能工程实验及测试技术

刘学亭　张从菊　编著

李明弟　张林华　主审

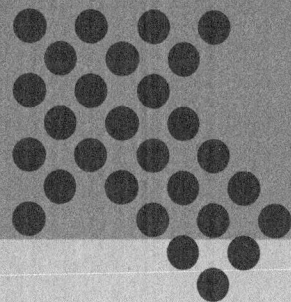

中国电力出版社

http://jc.cepp.com.cn

内 容 提 要

本书为 21 世纪高等学校规划教材。

本书着重阐述了建筑环境与设备工程专业和热能与动力工程专业中的流体力学、传热学、供热工程、空气调节、制冷技术等课程中各项实验及测试技术方面的知识，主要内容包括在建筑热能工程实验及测试技术中常用的各种热工测量仪表的测量参数、结构与原理；测量误差的分析与实验数据的处理；各实验装置系统图以及实验目的、原理，实验步骤、方法等。

本书可作为高等院校建筑环境与设备工程专业和热能与动力工程专业实验教学用书，也可供建筑热能工程技术人员工作时参考。

图书在版编目（CIP）数据

建筑热能工程实验及测试技术/刘学亭，张从菊编著. —北京：中国电力出版社，2010.8（2017.7重印）
　21 世纪高等学校规划教材
　ISBN 978 - 7 - 5123 - 0768 - 1

Ⅰ. ①建… Ⅱ. ①刘…②张… Ⅲ. ①建筑热工-热工试验-高等学校-教材②建筑热工-热工测量-高等学校-教材 Ⅳ. ①TU111

中国版本图书馆 CIP 数据核字（2010）第 160819 号

中国电力出版社出版、发行

（北京三里河路 6 号　100044　http：//jc. cepp. com. cn）

北京丰源印刷厂印刷

各地新华书店经售

*

2010 年 8 月第一版　2017 年 7 月北京第三次印刷

787 毫米×1092 毫米　16 开本　10.75 印张　252 千字

定价 **18.00** 元

前　　言

　　本书内容是编者多年来实验教学经验的总结。建筑环境与设备工程专业和热能与动力工程专业中的流体力学、传热学、供热工程、空气调节、制冷技术等课程中各项实验及测试技术是教学环节中的重要组成部分，为使实验教学规范化、系统化，同时符合教育部本科教学水平评估的要求，特编写了本书，以指导和帮助学生顺利完成专业实验教学任务。

　　建筑热能工程实验及测试技术是建筑类院校制冷空调领域的实用技术，它广泛应用于制冷、热电、通风空调等工程领域。建筑工程的竣工验收可通过实验测试加以量化评定，对于实际工程中出现的故障也可以通过实验测试查找和改进。同时，书中对建筑热工等常用检测仪表进行了详细介绍。本书内容全面、简明、实用，可作为高等院校建筑环境与设备工程专业和热能与动力工程专业实验教学用书，也可供建筑热能工程技术人员工作时参考。

　　本书内容涵盖了建筑环境与设备工程专业和热能与动力工程专业全部课程的教学实验，同时增加了部分设计型实验。本书编写分工如下：山东建筑大学刘学亭编写通风空调部分，张从菊编写流体输配管网和供热工程部分，于国丽编写制冷和食品冷藏部分，李慧、魏建平编写热工测试技术部分，张春阳编写流体力学部分，刘杰编写燃气热工部分；山东建筑大学李爱景、李明钧、李轶、陈明九、孙霞、罗佳君等也参加了本书部分章节的撰写、校核和修改工作。刘学亭和张从菊负责全书统稿，全书由李明弟和张林华主审。本书在编写过程中得到了山东建筑大学热能学院相关教研室教师的大力协助，在此谨致谢意。

　　限于编者水平，书中错误和不妥之处在所难免，恳请读者批评指正。

编　者

2010 年 7 月

目　　录

单元一　流　体　力　学

实验一　动　量　方　程　实　验

一、实验目的

（1）测定喷嘴喷射水流对平板的冲击力。

（2）将冲击力的测量值与理论值进行比较，验证恒定总流的动量方程，对基本理论、基本方程加深理解。

二、实验装置

实验所用装置为动量方程实验装置，如图 1-1 所示。

三、实验原理

取喷嘴出口断面、射流表面及沿平板出流的截面为控制面，对 x 轴列动量方程为

$$\sum F_x = R_x = \rho Q (\alpha_{02} v_{2x} - \alpha_{01} v_{1x}) \tag{1-1}$$

式中　α_{01}、α_{02}——动量修正系数，取为 1；

$\quad\quad R_x$——平板对水流的作用力，N，其反作用力即为水流对平板的作用力，两者大小相等，方向相反；

$\quad\quad \rho$——水的密度，为 $1000\mathrm{kg/m^3}$；

$\quad\quad Q$——流量，$\mathrm{m^3/s}$；

$\quad\quad v_{1x}$——喷嘴出口断面的平均流速在 x 轴上的投影，$\mathrm{m/s}$；

$\quad\quad v_{2x}$——平板面上水流平均流速在 x 轴上的投影，$v_{2x}=0$。

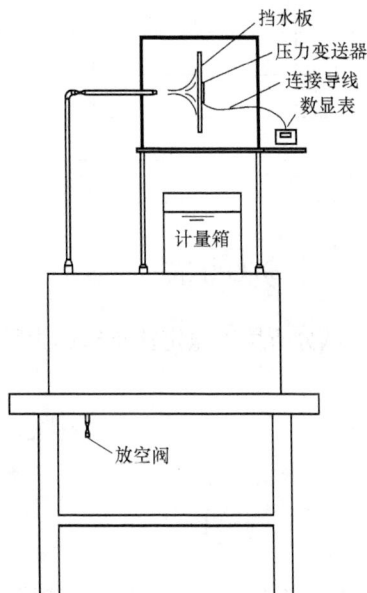

图 1-1　动量方程实验装置

四、实验步骤

（1）接通电源，启动水泵，水从水箱中被吸入管路。

（2）打开喷嘴阀门，水从喷嘴中喷出，射在挡水板上，使挡水板与射流相互垂直。

（3）实测射流对平板的冲击力 R_x。

（4）用体积法测量射流流量 Q。

（5）计算射流流速 v，根据动量方程，计算射流对平板的冲击力 R'_x，并与实测值 R_x 进行比较。

（6）调节进水阀门的开启度，稳定后按步骤（3）～（5）重复进行实验。

（7）实验结束，关闭水泵，拔下电源开关。

五、注意事项

（1）实验测量工作必须在水流稳定后进行。

（2）数显表零点飘移较大，需经常校正，在不受力的情况下，读数为零。

六、实验数据处理

实验所测数据记录在表 1-1 中。

表 1-1 　　　　　　　　　　　　动量方程实验测定数据记录表

序号	∇ (m³)	t (s)	Q (m³/s)	v (m/s)	计算值 $R'_x = \rho Q v$ (N)	实测值 R_x (N)	误差（%）
1							
2							
3							
4							
5							
6							

七、实验分析

试分析用动量定律求得的力和实测力之间产生误差的原因。

实验二　文丘里流量计实验

一、实验目的

（1）了解文丘里流量计的构造和适用条件，测定流量系数，学习应用文丘里流量计测量管道流量的原理和技巧。

（2）验证能量方程的正确性。

二、实验装置

实验所用装置为多功能水力学实验台，如图 1-2 所示，其中 1～12 为管道上的测点。

三、实验原理

在文丘里流量计入口处取 Ⅰ-Ⅰ 断面，在喉部收缩段处取 Ⅱ-Ⅱ 断面，由于流量计系水平放置，可列出上述两断面的能量方程为（不计水头损失）

$$\frac{p_1}{\gamma} + \frac{\alpha_1 v_1^2}{2g} = \frac{p_2}{\gamma} + \frac{\alpha_2 v_2^2}{2g} \qquad (1-2)$$

根据连续性方程，得

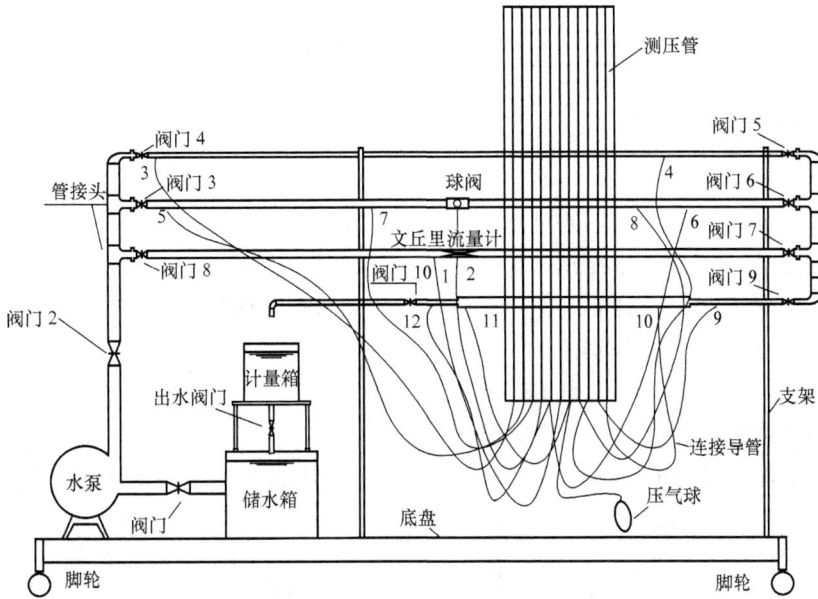

图 1-2　多功能水力学实验台

$$\frac{\pi}{4}d_1^2 v_1 = \frac{\pi}{4}d_2^2 v_2$$

令 $\alpha_1 = \alpha_2 = 1$，可得计算流量的公式为

$$Q = \frac{\frac{\pi}{4}d_2^2}{\sqrt{1-\left(\frac{d_2}{d_1}\right)^4}} \sqrt{2g\frac{p_1-p_2}{\gamma}} \tag{1-3}$$

式中　$\dfrac{p_1-p_2}{\gamma}$——两断面测压管水头差，也即测压计内的液面高差 Δh。

　　令
$$k = \frac{\frac{\pi d_2^2}{4}}{\sqrt{1-\left(\frac{d_2}{d_1}\right)^4}} \sqrt{2g}$$

式（1-3）可写成　　　　　　　　　$Q = k\sqrt{\Delta h}$　　　　　　　　　　　（1-4）

　　因此，测出测压计内的液面高差 Δh 后，即可求出计算流量。

　　由于实际上所取的两个断面之间存在着水头损失，所以实际流量 Q_0 一般要略小于计算流量 Q，如令

$$\mu = \frac{Q_0}{Q}$$

则 μ 是一小于 1 的数，称为流量系数。

　　该实验的目的就是用实验的方法确定流量系数 μ 的具体数值。实际流量 Q_0 用体积法测定，即

$$Q_0 = \frac{\nabla}{\Delta t} \qquad\qquad (1-5)$$

式中 ∇——Δt 时间内由管道流入计量箱内的水的体积。

四、实验步骤

1. 准备工作

（1）记录仪器常数 d_1、d_2，并计算流量计系数 k 值。

（2）检查测压计液面是否水平（此时 $Q=0$，如果不在同一水平面上，则必须将橡胶管内的空气排尽，使两个测压管液面处于水平状态方能进行实验）。

（3）关闭测点 3～10 的小阀门。

（4）打开阀门 7～10，关闭阀门 3～6。

（5）阀门 2 为实验阀门，可先调至较小开度。

（6）文丘里流量计收缩断面（测点 2）经常处于负压状态，实验前应将连接橡胶管灌满水，以防进气。

2. 进行实验

（1）开启泵，此时 1、2 号测压管中应出现较小的高度差。

（2）缓慢开启阀门 2，使压差调到最大（如 2 号测压管中液位降得太低可关小阀门 10，使液位抬高；如测压计中液位太高，可用压气球加压，压低液位）。

五、注意事项

（1）实验测量工作必须在水流稳定后进行，每次应缓慢调节出水阀门，并同时注意控制测压管中液面的高度差。

（2）读压差、控制阀门、测量流量需同步进行。

（3）如出现测压管冒水现象，可把阀门 10 全开，或停泵重做实验。

六、实验数据处理

实验所测数据记录在表 1-2 中。

表 1-2　　　　　　　　　　　　文丘里流量计的测定数据记录表

序号	h_1 (cm)	h_2 (cm)	Δh (cm)	∇ (cm³)	Δt (s)	Q (cm³/s)	Q_0 (cm³/s)	流量系数 μ	平均流量系数 μ_{pj}
1									
2									
3									
4									
5									

七、思考题

实验时，若将文丘里流量计倾斜放置，各测压管内液面高度差是否会发生变化？

实验三　气体紊流射流实验

一、实验目的

(1) 观测气体紊流射流结构。

(2) 通过测定气体紊流射流断面流速分布，了解气体紊流射流的运动规律。

二、实验装置

实验所用装置为空气动力学多功能实验台。采用圆柱形喷嘴，喷嘴半径 $r_0=15\text{mm}$。

三、实验原理

射流是指孔口或喷嘴向外喷出，进入另一流体领域的一股流体。射流的运动形态分为层流和紊流。

紊流射流自喷嘴出口以均匀的流速射入静止的环境中，由于紊流的脉动、卷吸，周围静止流体进入射流，两者混掺向前运动，从而增加了射流的流量，也就增加了射流的宽度，降低了射流的速度。越往下游，射流的边界就越宽，流量也越大，而流速就越小。因此，射流沿流向越来越粗，流动越来越慢。此时保持出口流速的部分称为射流核心区，其余小于出口流速的部分称为边界层。

射流分成两段：起始段和主体段。射流以初始速度均匀从喷嘴喷出，由于卷吸和混掺作用，在离开喷嘴一定距离后，保持初始速度的射流核心区就消失了。射流核心区完全消失的横断面称为转折断面。喷嘴与转折断面之间的流段称为起始段，射流核心区就在起始段中。在转折断面之后的流段为主体段。

由于射流起始段的长度较短，因此工程上主要研究和利用的是射流的主体段。

射流主体段各断面的横向速度分布具有相似性，在射流主体段上，随着射流距离的增加，轴向流速逐渐减小，断面上的流速分布曲线也趋于平坦。用无因次坐标来表示断面上的速度分布，则所有横断面上的无因次流速分布是相等的，这就是射流流速分布的相似性。用无量纲的半经验公式来表示，即

$$\frac{v}{v_\text{m}}=\left[1-\left(\frac{y}{R}\right)^{1.5}\right]^2 \tag{1-6}$$

式中　v——测点射流速度；

　　v_m——测量断面中心射流速度；

　　y——测点距射流中心的距离；

　　R——所测断面射流半宽度。

R 可按式（1-7）计算，即

$$R=r_0+3.4as \tag{1-7}$$

速度 v 和 v_m 可以用式（1-8）计算，即

$$v=\phi\sqrt{2g\frac{\gamma_1}{\gamma_2}\Delta h\cos\alpha} \tag{1-8}$$

式中　v——测点射流速度；

ϕ——毕托管的校正系数，取 1；

g——重力加速度；

γ_1——压力计内液体的重力密度；

γ_2——气体的重力密度；

α——测压管与垂直方向的夹角；

Δh——测得的压差。

四、实验步骤

（1）调平斜管压力计的水平泡，确定斜管的倾斜角度。将毕托管的全压管接到斜管压力计的"＋"处，静压管接到斜管压力计的"－"处。

（2）去掉实验台上的活动盖板，接通风机电源，开机。

（3）打开风门，调好风量，将毕托管放在测量断面上进行测量。测定流体的出口速度、不同射程 s 与断面速度，以及轴心速度。

（4）测定大气压和气温。

（5）实验完毕停机，关闭电源，使设备恢复原状。

五、实验数据处理

（1）将实测数据填入表 1-3 中。

表 1-3　　　　　　　　　气体紊流射流实验的测定数据记录表

测量断面	测量项目	测点编号										
		5	4	3	2	1	轴心	1	2	3	4	5
1-1 ($s=$　) ($R=$　)	测点距射流中心的距离 y											
	压差 Δh											
	测点射流速度 v											
	v/v_m											
	y/R											
2-2 ($s=$　) ($R=$　)	测点距射流中心的距离 y											
	压差 Δh											
	测点射流速度 v											
	v/v_m											
	y/R											
3-3 ($s=$　) ($R=$　)	测点距射流中心的距离 y											
	压差 Δh											
	测点射流速度 v											
	v/v_m											
	y/R											

（2）绘出射流结构图。

（3）计算各测量断面上的测点流速，定出中心点最大流速，绘出速度分布图。

（4）计算主体断面无因次速度 v/v_m 和无因次坐标 y/R，绘出无因次速度分布图，与式（1-6）相比较。

六、思考题

为什么用无量纲（因次）数分析射流的运动？

实验四 雷 诺 实 验

一、实验目的

（1）观察层流和紊流的流动特征及转变情况，以加深对层流、紊流形态的感性认识。

（2）测定层流和紊流两种流态的沿程阻力与断面平均流速之间的关系。

（3）绘制沿程阻力和断面平均流速的对数关系曲线，即 $\lg h_f - \lg v$ 曲线，并计算临界雷诺数 Re_c。

二、实验装置

实验所用装置为雷诺实验仪，如图 1-3 所示。

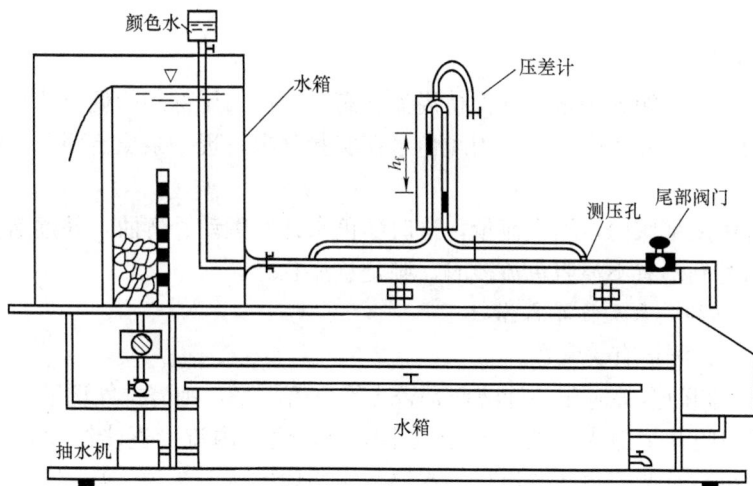

图 1-3 雷诺实验仪

三、实验原理

同一种液体在同一管道中流动，当流速不同时，可有两种不同的流态。当流速较小时，管中水流的全部质点以平行而不互相混杂的方式分层流动，这种形态的液体流动称为层流；当流速较大时，管中水流各质点间发生互相混杂的运动，这种形态的液体流动称为紊流。

层流与紊流的沿程阻力规律也不同。层流的沿程阻力大小与断面平均流速的 1 次方成正比，即 $h_f \propto v$。紊流的沿程阻力与断面平均流速的 1.75～2.0 次方成正比，即 $h_f \propto v^{1.75 \sim 2.0}$。

视水流情况，沿程阻力和断面平均流速的关系可表示为 $h_f = kv^m$（式中 m 为指数），或表示为 $\lg h_f = \lg k + m \lg v$。

每套实验设备的管径 d 固定不变，当水箱水位保持不变时，管内即产生恒定流动。沿程阻力 h_f 与断面平均流速 v 的关系可由能量方程导出，即

$$z_1 + \frac{p_1}{\rho g} + \frac{\alpha_1 v_1^2}{2g} = z_2 + \frac{p_2}{\rho g} + \frac{\alpha_2 v_2^2}{2g} + h_f \tag{1-9}$$

当管径不变，$v_1 = v_2$ 时，取 $\alpha_1 = \alpha_2 \approx 1.0$，所以

$$h_f = \left(z_1 + \frac{p_1}{\rho g}\right) - \left(z_2 + \frac{p_2}{\rho g}\right) = \Delta h \tag{1-10}$$

其中 Δh 值由压差计读出。

在圆管流动中采用雷诺数来判别流态，即

$$Re = \frac{vd}{\nu}$$

式中　v——圆管水流的断面平均流速；

　　　d——圆管直径；

　　　ν——水流的运动黏滞系数。

当 $Re < 2000$ 时为层流状态，$Re > 2000$ 时为紊流状态。

（四）、实验步骤

1. 观察流动状态

将进水管打开使水箱充满水，并保持溢流状态；然后用尾部阀门调节流量，将阀门微微打开，待水流稳定后，注入颜色水。当颜色水在实验管中呈现一条稳定而明显的流线时，管内即为层流流态。

随后渐渐开大尾部阀门，增大流量，这时颜色水开始颤动、弯曲，并逐渐扩散，当扩散至全管，水流紊乱到已看不清着色流线时，则是紊流状态。

2. 测定 h_f-v 的关系及临界雷诺数

（1）熟悉仪器，测记有关常数。

（2）检查尾部阀门全关时压差计液面是否齐平，若不平，则需排气调平。

（3）将尾部阀门开至最大，然后逐步关小阀门，使管内流量逐步减少；每改变一次流量，均待水流平稳后，测定每次的流量、水温和实验段的水头损失（压差）。流量 Q 用体积法测量，即用量筒量取水的体积 V，用秒表计时间 T，则流量 $Q = V/T$。相应的断面平均流速 $v = Q/A$。

（4）流量用尾部阀门调节，共进行 10 次。当 $Re < 2500$ 时，为确保精确，每次压差减小值只能为 3～5mm。

（5）用温度计测量当日的水温，由此可查得运动黏滞系数 ν，从而计算雷诺数 $Re = \dfrac{vd}{\nu}$。

（6）相反，将调节阀由小逐步开大，管内流速慢慢加大，重复上述步骤。

（五）、注意事项

（1）在整个试验过程中，要特别注意保持水箱内的水头稳定。每改变一次阀门开度，均

待水头稳定后再测量流量和沿程阻力。

（2）在流动形态转变点附近，流量变化的间隔要小些，使测点多些，以便准确测量临界雷诺数。

（3）在层流流态时，由于流速 v 较小，所以沿程阻力 h_f 值也较小，应耐心、细致地多测几次。同时注意不要碰撞设备并保持实验环境的安静，以减少扰动。

六、思考题

（1）要使注入的颜色水能确切地反映水流状态，应注意什么问题？

（2）如果压差计用倾斜管安装，压差计的读数差是不是沿程阻力 h_f 值？管内用什么性质的液体比较好？其读数怎样换算为实际压强差值？

实验五 管路沿程阻力实验

一、实验目的

（1）观察和测试流体在等直径管道中流动时的能量损失情况。

（2）掌握测定管道沿程阻力系数 λ 的方法。

（3）了解沿程阻力系数在不同雷诺数下的变化情况，绘制沿程阻力系数 λ 与雷诺数 Re 的对数关系曲线。

二、实验装置

实验所用装置为多功能水力学实验台，如图 1-2 所示，主要部件有水泵，上水管及阀门 2，计量箱，沿程阻力实验管道，突扩、突缩实验管道，测压管等。

三、实验原理

通过对一等直径管道中的恒定水流，在任意两过水断面 1-1、2-2 上写能量方程，可得

$$h_f = \left(z_1 + \frac{p_1}{\gamma}\right) - \left(z_2 + \frac{p_2}{\gamma}\right) \tag{1-11}$$

而沿程阻力的表达式为

$$h_f = \lambda \frac{l}{d} \frac{v^2}{2g} \tag{1-12}$$

则沿程阻力系数 λ 为

$$\lambda = \frac{\left(z_1 + \frac{p_1}{\gamma}\right) - \left(z_2 + \frac{p_2}{\gamma}\right)}{\frac{l}{d} \frac{v^2}{2g}} = \frac{2gd}{l} \frac{h_f}{v^2} \tag{1-13}$$

一般可认为 λ 与相对粗糙度 $\dfrac{K_s}{d}$ 及雷诺数 Re 有关，即

$$\lambda = f\left(\frac{K_s}{d}, Re\right) \qquad (1-14)$$

四、实验步骤

（1）熟悉实验设备，记录仪器常数。

（2）关闭测点 1、2、5、6、7、8、9、10 处的小阀门。

（3）打开阀门 3、4、5、6。

（4）开启泵，调节阀门 2，使流量在测压管量程范围内达到最大，待水流稳定后记录测压管读数，并测量流量，流量用体积法测量。

（5）逐渐关闭阀门 2，依次减小流量，测量各次流量和相应的压差值。

（6）用温度计测记本次实验的水温 t_0，并查得相应的 ν 值，从而可计算出相应于每次流量下的雷诺数 Re 值。

五、注意事项

（1）每次关闭阀门 2 时，要缓慢关闭，为使水流稳定，需待 1～2min 再测读数据，以保证实验结果的正确性。在层流时，压差为 3～5mm，在紊流时，压差可适当大些。

（2）由于水流紊动原因，压差计液面有微小波动，当流速较大时，表现尤为显著。需待水流稳定时，读取上下波动范围的平均值。

（3）测记水温，求雷诺数时用开始和终了两次水温的平均值求 ν。

（4）如出现测压管冒水现象，可把阀门全开或停泵重做实验。

六、实验数据处理

实验所测数据记录在表 1-4 中。

表 1-4　　　　　　　　　　　　管路沿程阻力实验数据记录表

水温 $t_0 =$ 　　　　　　　运动黏滞系数 $\nu =$

测次	时间 （s）	水量 （cm³）	流量 （cm³/s）	流速 （cm/s）	测压管指示 h_3	测压管指示 h_4	沿程阻力 h_f（cm）	沿程阻力系数 λ	雷诺数 Re
1									
2									
3									
4									
5									
6									
7									

七、思考题

（1）如果将实验管道倾斜安装，压差计中的读数差是不是沿程阻力 h_f 值？

（2）随着管道使用年限的增加，λ-Re 关系曲线将有什么变化？

实验六 管路局部阻力实验

一、实验目的

(1) 掌握测定管路局部阻力系数 ζ 的方法。
(2) 将管道局部阻力系数的实测值与理论值进行比较。
(3) 观察水流经局部阻力区的测压管水头（水压）及水流变化情况。

二、实验装置

实验所用装置为多功能水力学实验台，如图 1-2 所示，主要部件有水泵，上水管及阀门 2，计量箱，阀门局部阻力实验管道，突扩、突缩实验管道，测压管等。

三、实验原理

由于边界形状的急剧改变，流体主流会与边界分离，出现旋涡以及水流流速分布的改组，从而消耗掉一部分机械能。单位质量液体的能量损失就是局部水头损失。边界形状改变的情况有水流断面的突然扩大或突然缩小、弯道及管路上安装阀门等。

局部水头损失常用流速水头与一系数的乘积来表示，即

$$h_m = \zeta \frac{v^2}{2g} \tag{1-15}$$

式中 ζ——局部水头损失系数，也称局部阻力系数。

ζ 是流动形态与边界形状的函数，即 $f = (Re，边界形状)$。一般水流 Re 足够大，可认为 ζ 不再随 Re 变化而看作常数。

1. 实测 ζ 值

在实验中，h_m 的值可由能量方程式求得，即选用突然扩大或突然缩小前后符合渐变流条件的两个断面，列能量方程。

(1) 突然扩大。在扩大前后取 1-1 及 2-2 断面，因管道系水平放置，可列出两断面的能量方程为

$$\frac{p_1}{\gamma} + \frac{v_1^2}{2g} = \frac{p_2}{\gamma} + \frac{v_2^2}{2g} + \zeta \frac{v_2^2}{2g} \tag{1-16}$$

$$\zeta = \frac{\dfrac{p_1 - p_2}{\gamma} + \dfrac{v_1^2 - v_2^2}{2g}}{\dfrac{v_2^2}{2g}} \tag{1-17}$$

管路突然扩大的实验数据记录在表 1-5 中。

表 1-5   **管路突然扩大实验数据记录表**

序号	h_1 (cm)	h_2 (cm)	∇ (cm³)	t (s)	Q (cm³/s)	v_1 (cm/s)	$\frac{v_1^2}{2g}$ (cm)	v_2 (cm/s)	$\frac{v_2^2}{2g}$ (cm)	ζ
1										
2										
3										

（2）突然缩小。在缩小前后取 $3-3$ 及 $4-4$ 断面，列能量方程为

$$\frac{p_3}{\gamma} + \frac{v_3^2}{2g} = \frac{p_4}{\gamma} + \frac{v_4^2}{2g} + \zeta\frac{v_4^2}{2g} \qquad (1-18)$$

$$\zeta = \frac{\dfrac{p_3 - p_4}{\gamma} + \dfrac{v_3^2 - v_4^2}{2g}}{\dfrac{v_4^2}{2g}} \qquad (1-19)$$

管路突然缩小的实验数据记录在表 $1-6$ 中。

表 1-6   **管路突然缩小的实验数据记录表**

序号	h_3 (cm)	h_4 (cm)	∇ (cm³)	t (s)	Q (cm³/s)	v_3 (cm/s)	$\frac{v_3^2}{2g}$ (cm)	v_4 (cm/s)	$\frac{v_4^2}{2g}$ (cm)	ζ
1										
2										
3										

2. 理论导出 ζ 值

（1）突然扩大

$$h_{\mathrm{m}} = \zeta_{\mathrm{tk2}}\frac{v_2^2}{2g}, \quad \zeta_{\mathrm{tk2}} = \left(\frac{A_2}{A_1} - 1\right)^2 \qquad (1-20)$$

$$h_{\mathrm{m}} = \zeta_{\mathrm{tk1}}\frac{v_1^2}{2g}, \quad \zeta_{\mathrm{tk1}} = \left(1 - \frac{A_1}{A_2}\right)^2 \qquad (1-21)$$

式中 A_1、v_1——突然扩大上游管段的断面面积和平均流速；

       A_2、v_2——突然扩大下游管段的断面面积和平均流速。

（2）突然缩小

$$h_{\mathrm{m}} = \zeta_{\mathrm{ts}}\frac{v_2^2}{2g}, \quad \zeta_{\mathrm{ts}} = 0.5\left(1 - \frac{A_2}{A_1}\right) \qquad (1-22)$$

将实测所得的 ζ 值与理论导出的突然扩大阻力系数 ζ_{tk} 值及借助于经验公式而得出的突然缩小阻力系数 ζ_{ts} 值进行比较。

四、实验步骤

（1）熟悉仪器，记录有关常数。

（2）关闭测点 $1\sim8$ 处的小阀门。

（3）打开阀门 2、7、8、9、10。

（4）关闭阀门 $3\sim6$。

（5）开启泵，调节阀门 2，使测压管 $9\sim12$ 中出现压差，待流动稳定后，记录测压管液面高度，用计量箱测量流量。

（6）调节阀门 2，改变流量，重复测量三次。

五、注意事项

（1）实验必须在水流稳定后进行。

（2）计算局部阻力系数时，应注意选择相应的流速水头；测量断面应选在渐变流断面

上，尤其是下游断面应选在旋涡区的末端，即主流恢复并充满全管的断面上。

六、思考题

(1) 实测 h_m 值与理论计算 h_m 值有什么不同？原因何在？

(2) 相同管径变化条件下，相应于同一流量，其突然扩大阻力系数 ζ_{tk} 值是否一定大于突然缩小阻力系数 ζ_{ts} 值？

实验七　孔口、管嘴实验

一、实验目的

(1) 观察孔口、管嘴自由出流的水力现象。

(2) 测定孔口、管嘴出流的各项系数：收缩系数 ε、流量系数 μ、流速系数 φ、阻力系数 ζ。

二、实验装置

实验所用装置为孔口、管嘴实验仪，如图 1-4 所示。

三、实验原理

1. 孔口出流

对水面 I - I 和收缩断面 $c-c$ 列能量方程，得

$$H = \frac{\alpha v_c^2}{2g} + \zeta_0 \frac{v_c^2}{2g} = (\alpha + \zeta_0) \frac{v_c^2}{2g}$$

$$(1-23)$$

$$v_c = \frac{1}{\sqrt{\alpha + \zeta_0}} \sqrt{2gH} = \varphi\sqrt{2gH}$$

$$(1-24)$$

$$\varphi = \frac{1}{\sqrt{\alpha + \zeta_0}} = \frac{1}{\sqrt{1 + \zeta_0}}$$

$$\varepsilon = \frac{\omega_c}{\omega}$$

$$\mu = \varphi\varepsilon$$

式中　α——动能修正系数，$\alpha=1$；

ζ_0——孔口局部阻力系数；

φ——流速系数；

ε——收缩系数；

μ——流量系数。

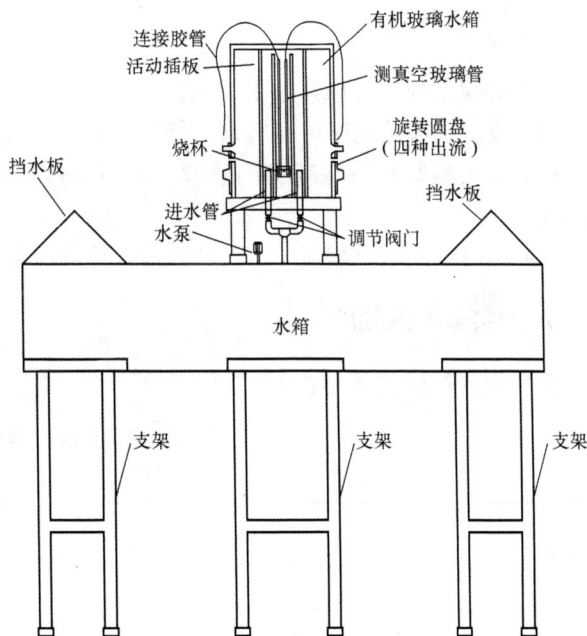

图 1-4　孔口、管嘴实验仪

2. 管嘴出流

对水面 I - I 和管嘴出口断面 $n-n$ 列能量方程，得

$$H = (\alpha + \zeta_n)\frac{v^2}{2g} \qquad (1-25)$$

$$v = \frac{1}{\sqrt{\alpha + \zeta_n}}\sqrt{2gH} = \varphi_n\sqrt{2gH} \qquad (1-26)$$

$$Q = v\omega = \varphi_n\omega\sqrt{2gH} = \mu_n\omega\sqrt{2gH} \qquad (1-27)$$

$$\mu_n = \varphi_n$$

式中 ζ_n——管嘴局部阻力系数；

φ_n——流速系数；

μ_n——流量系数。

根据上述推导，测量作用水头 H、流量 Q、孔口直径及收缩断面直径，便可计算出各项系数。

四、实验步骤

(1) 开启泵，待水箱水位恒定后，实测作用水头及收缩断面直径。

(2) 用体积法测量流量。

(3) 完成孔口出流各项系数测定后，改换为管嘴出流进行测定。

五、注意事项

(1) 实验过程中应保持微小溢流。

(2) 改变出流情况时，可转动旋转圆盘，为避免水流满地，一般应停泵操作。

(3) 该实验装置虽配有实测管嘴真空值的设备，但一般达不到理论值（作用水头的 0.75 倍）。

(4) 孔口出流的收缩系数 ε 不易测量，计算时可取 $\varepsilon = 0.64$。

六、实验数据处理

实验所测数据记录在表 1-7 中。

表 1-7　　　　　　　　孔口、管嘴实验数据记录表

仪器常数：$d=$ ＿＿ cm, $H=$ ＿＿ cm, $d_c=$ ＿＿ cm, $W_0=$ ＿＿ kg

类别	序号	W (kg)	ΔW (kg)	Δt (s)	Q (cm³/s)	$\mu = \dfrac{Q}{\omega\sqrt{2gH}}$	ε	φ	$\zeta = \dfrac{1}{\varphi^2} - 1$
孔口	1								
	2								
管嘴	1								
	2								
三角孔口	1								
	2								
锥形管嘴	1								
	2								

七、思考题

结合实验中观测到的不同类型管嘴与孔口出流的流股特征，分析流量系数不同的原因及增大过流能力的途径。

实验八 阀门不同开启度时的阻力系数测定实验

一、实验目的

(1) 测定阀门不同开启度时（全开、30°、45°）的阻力系数。
(2) 掌握局部水头损失的测定方法。

二、实验装置

实验所用装置为多功能水力学实验台，如图 1-2 所示，主要部件有水泵，上水管及阀门 2，计量箱，阀门局部阻力实验管道，突扩、突缩实验管道，测压管等。

三、实验原理

对测点 5、6 两断面列能量方程式，可求得阀门的局部水头损失及 $2(L_1+L_2)$ 长度上的沿程水头损失，以 h_{m1} 表示，则

$$h_{m1} = \frac{p_5 - p_6}{\gamma} = \Delta h_1 \tag{1-28}$$

对测点 7、8 两断面列能量方程，可求得阀门局部水头损失及 (L_1+L_2) 长度上的沿程水头损失，以 h_{m2} 表示，则

$$h_{m2} = \frac{p_7 - p_8}{\gamma} = \Delta h_2 \tag{1-29}$$

$$\zeta = \frac{2(h_7 - h_8) - (h_5 - h_6)}{v^2/2g} \tag{1-30}$$

四、实验步骤

(1) 关闭测点 1、2、3、4、9、10、11、12 处的小阀门。
(2) 调节球阀至某一开启度（先进行全开实验）。
(3) 打开阀门 2、3、6、9、10。
(4) 关闭阀门 4、5、7、8。
(5) 开启泵，调节阀门 2，使测压管 5~8 中出现压差。如果管中液位太高，可从 13 号测压管中打压，使液位降低，以增加测量范围。
(6) 用计量箱测量流量。

五、注意事项

如出现测压管冒水现象，可把阀门 10 全开或停泵重做实验。

六、实验数据处理

实验所测数据记录在表 1-8 中。

表 1-8　　　　　　　阀门不同开启度时的阻力系数测定实验数据记录表

阀门开启度	序号	h_5 (cm)	h_6 (cm)	Δh_1 (cm)	h_7 (cm)	h_8 (cm)	Δh_2 (cm)	$2\Delta h_2 - \Delta h_1$ (cm)	∇ (cm³)	t (s)	Q (cm³/s)	v (cm/s)	ζ
全开	1												
	2												
	3												
30°	1												
	2												
	3												
45°	1												
	2												
	3												

单元二　工　程　热　力　学

实验一　CO_2 的临界状态观测及 p-v-t 关系实验

一、实验目的

（1）了解 CO_2 临界状态观测的方法，增加对临界状态概念的感性认识。

（2）加深工质的热力状态、凝结、汽化、饱和状态等基本概念的理解。

（3）掌握 CO_2 的 p-v-t 关系的测定方法，学会用实验测定实际气体状态变化规律的方法和技巧。

（4）学会活塞式压力计、恒温器等部分热工仪器的使用方法。

二、实验内容

（1）测定 CO_2 的 p-v-t 关系，在 p-v 坐标图上绘出低于临界温度（$t=20℃$）、临界温度（$t=31.1℃$）和高于临界温度（$t=50℃$）的三条等温曲线，并与标准实验曲线及理论计算值相比较，分析差异原因。

（2）测定 CO_2 低于临界温度（$t=20$、$25℃$）、饱和温度与饱和压力之间的对应关系，并与图 2-4 中绘出的 t_s-p_s 曲线比较。

（3）观测临界状态：

1）临界乳光；

2）临界状态附近气液两相模糊的现象；

3）气液整体相变现象；

4）测定 CO_2 的 t_c、p_c、v_c 等临界参数，并将实验所测得的 v_c 值与理想气体状态方程和范德瓦尔方程的理论值相比较，简述其差异原因。

三、实验装置及原理

（1）整个实验装置由压力台、恒温器和实验台本体及其防护罩三大部分组成，如图 2-1 所示。

（2）实验台本体如图 2-2 所示。

（3）对于简单可压缩热力系统，当工质处于平衡状态时，其状态参数 p、v、t 之间有

$$f(p, v, t) = 0$$

或

$$t = f(p, v) \tag{2-1}$$

该实验就是根据式（2-1），采用定温方法来测定 CO_2 的 p-v 之间的关系，从而找出 CO_2 的 p-v-t 关系。

（4）实验中由压力台送来的压力油进入高压容器和玻璃杯上半部，迫使水银进入预先装了 CO_2 的承压玻璃管。CO_2 被压缩，其压力和容积通过压力台上的活塞杆进、退来调节，温度由恒温器供给的水套里的水温来调节。

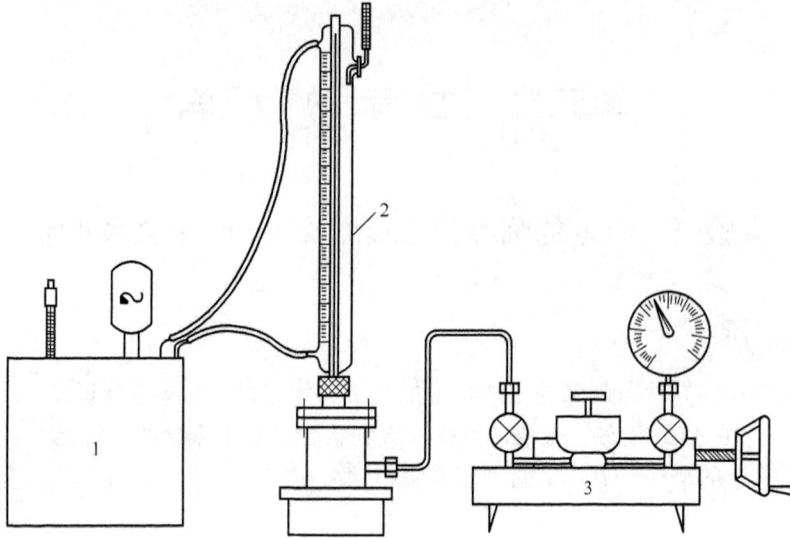

图 2-1　实验装置

1—恒温器；2—实验台本体；3—压力台

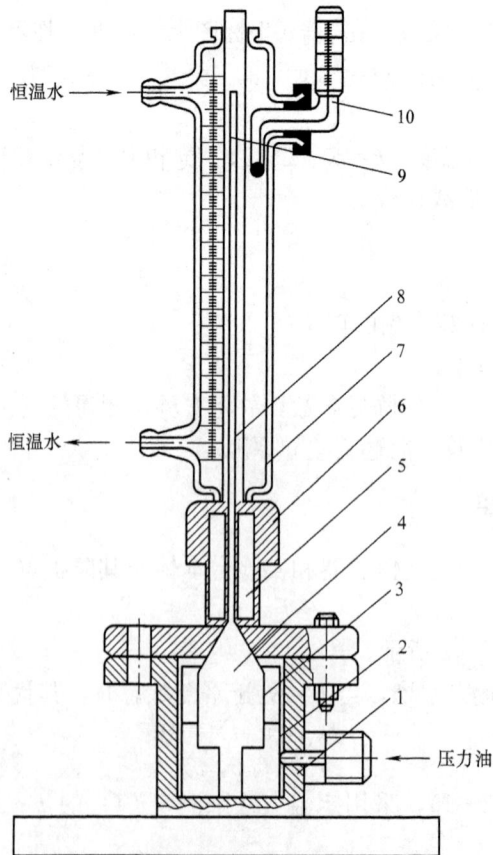

图 2-2　实验台本体

1—高压容器；2—玻璃杯；3—压力油；4—水银；5—密封填料；6—填料压盖；

7—恒温水套；8—承压玻璃管；9—CO_2空间；10—温度计

（5）实验工质 CO_2 的压力由装在压力台上的压力表读出（如要提高精度可由加在活塞转盘上的平衡砝码读出，并考虑水银柱高度的修正）。温度由插在恒温水套中的温度计读出。比体积首先由承压玻璃管内 CO_2 柱的高度来度量，而后再根据承压玻璃管内径均匀、截面面积不变等条件换算得出。

四、 实验步骤

（1）按图 2-1 装好实验装置，并开启实验台本体上的日光灯。

（2）使用恒温器调定温度。

1）将蒸馏水注入恒温器内，注至离盖 3～5cm 为止。检查并接通电路，开启电动给水泵，使水循环对流。

2）旋转电接点温度计顶端的帽形磁铁，调动凸轮示标，使凸轮上端面与所要调定温度一致，应将帽形磁铁用横向螺钉锁紧，以防转动。

3）视水温情况，开关加热器。当水温未达到要调定的温度时，恒温器指示灯是亮的，当指示灯时亮时灭时，则说明温度已达到所需恒温。

4）观察玻璃水套上的两支温度计，若它们的读数相同且与恒温器上的温度计及电接点温度计标定的温度一致（或基本一致），则可（近似）认为承压玻璃管内的 CO_2 温度处于所标定的温度。

5）当需要改变实验温度时，重复 2）～4）步即可。

（3）加压前的准备。因为压力台的油缸容量比主容器容量小，需要多次从油杯里抽油，再向主容器充油，才能在压力表上显示压力读数。压力台抽油、充油的操作过程非常重要。若操作失误，不但加不上压力，而且会损坏实验设备，所以必须认真掌握，其步骤如下：

1）关闭压力表及进入本体油路的各阀门，开启压力台上油杯的进油阀。

2）摇退压力台上的活塞螺杆，直至螺杆全部退出，这时压力台油缸中抽满了油。

3）先关闭油杯阀门，然后开启压力表和进入本体油路的两个阀门。

4）摇进活塞螺杆，经本体充油，如此交复，直至压力表上有压力读数为止。

5）再次检查油杯阀门是否关好，压力表及本体油路阀门是否开启，若均已稳定即可进行实验。

（4）做好实验的原始记录及注意事项。

1）设备数据记录。仪器、仪表的名称、型号、规格、量程、精度。

2）常规数据记录。室温、大气压力、实验环境情况等。

3）测定承压玻璃管内 CO_2 的质面比常数值。由于充进承压玻璃管内的 CO_2 的质量不便测量，而玻璃管内径或截面面积（A）又不易测准，因而实验中采用间接方法来确定 CO_2 的比体积，认为 CO_2 的比体积 v 与其高度是一种线性关系，具体如下：

a. 已知 CO_2 的液体在 20℃、9.8MPa 时的比体积，v（20℃、9.8MPa）＝0.001 17m^3/kg。

b. 如前操作实地测出该实验台 CO_2 的液体在 20℃、9.8MPa 时的 CO_2 液柱高度 Δh（m）（注意：玻璃水套上刻度的标记方法）。

c. 由于 v（20℃、9.8MPa）＝$\dfrac{\Delta h A}{m}$＝0.001 17m^3/kg，则

$$\frac{m}{A} = \frac{\Delta h}{0.001\ 17} = K \quad (\text{kg/m}^2) \tag{2-2}$$

那么任意温度、压力下 CO_2 的比体积为

$$v = \frac{\Delta h}{m/A} = \frac{\Delta h}{K} \quad (\text{m}^3/\text{kg}) \tag{2-3}$$

$$\Delta h = h - h_0$$

式中　h——任意温度、压力下水银柱的高度；

　　　h_0——承压玻璃管内径顶端刻度。

4）实验中应注意以下几点：

a. 做各条定温线时，实验压力 $p \leqslant 9.8\text{MPa}$，实验温度 $t \leqslant 50℃$。

b. 一般测取 h 时，压力间隔可取 0.5MPa，但在接近饱和状态和临界状态时，压力间隔应取为 0.05MPa。

c. 实验中读取 h 时，要注意应使视线与水银柱半圆形液面的中间对齐。

a）使用恒温器调定 $t = 20℃$ 时的定温线。

b）压力记录从 4.5MPa 开始，当玻璃管内水银升起来后，只能缓慢地摇进活塞螺杆，以保证定温条件，否则来不及平衡，读数不准。

c）按照适当的压力间隔取 h 值至压力 $p = 9.8\text{MPa}$。

d）注意加压后 CO_2 的变化，特别是注意饱和压力与饱和温度的对应关系，液化、汽化等现象。应将测得的实验数据及观察到的现象一并填入表 2-1 中。

e）测定 $t = 25℃$、$t = 27℃$ 时饱和温度与饱和压力的对应关系。

（5）测定临界等温线和临界参数，观察临界现象。

1）测出临界等温线，并在该曲线的拐点处找出临界压力 p_c 和临界比体积 v_c，并将数据填入表 2-1 中。

表 2-1　　　　　　　　　　　**CO_2 等温实验原始数据记录表**

$t = 20℃$				$t = 31.1℃$（临界）				$t = 50℃$			
p（MPa）	Δh	$v = \Delta h/K$	现象	p（MPa）	Δh	$v = \Delta h/K$	现象	p（MPa）	Δh	$v = \Delta h/K$	现象
4.5											
5.0											
9.8											
记录做出三条等温线所需的实验时间											
			min				min				min

2）观察临界现象。

a. 保持临界温度不变，摇进活塞螺杆使压力升至 7.6MPa 附近处，然后突然摇退活塞螺杆（注意：勿使本体晃动）降压，在此瞬间，玻璃管内将出现圆锥状的乳白的闪光现象，这就是临界乳光现象，这是由于 CO_2 分子受重力场作用沿高度分布不均和光散射造成的。可以反复进行几次，观察这一现象。

b. 气、液两相模糊不清现象。处于临界点的 CO_2 具有共同参数 (p, v, t)，因而是不能区别此时 CO_2 是气态还是液态的。如果说它是气体，那么这个气体是接近于液态的气体；如果说它是液体，那么这个液体又是接近于气态的液体。下面用实验证明这个结论。

首先在压力等于 7.6MPa 附近，突然降压，CO_2 状态点由等温线上临界点沿绝热线下降，此时管内 CO_2 出现了明显的液面。这就说明，如果管内 CO_2 是气体，那么这种气体离液体区很接近，可以说是接近液态的气体；当 CO_2 在膨胀之后，突然被压缩时，这个液面又立即消失了，这就说明此时 CO_2 液体离气体区也是非常近的，可以说是接近气态的液体。因此，此时的 CO_2 处于临界点附近。

（6）测定高于临界温度 $t=50℃$ 时的等温线，并将数据填入表 2-1 中。

五、实验数据处理

（1）按表 2-1 中的数据仿照图 2-3 在 p-v 图上画出三条等温线。

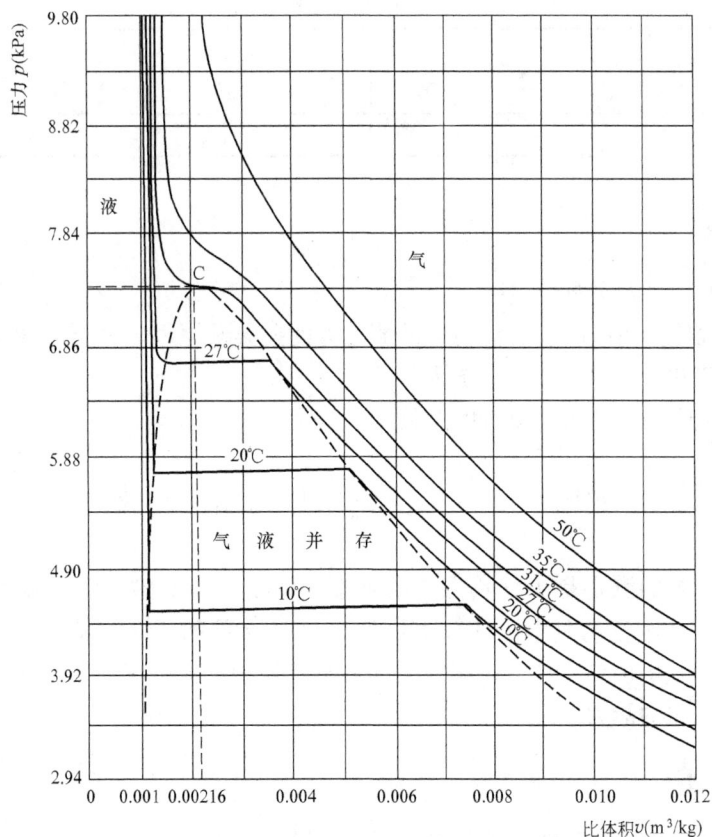

图 2-3　标准曲线

（2）将实验测得的等温线与图 2-3 所示的标准等温线比较，并分析它们之间的差异及原因。

（3）将实验测得的饱和温度与饱和压力的对应值与图 2-4 绘出的 t_s-p_s 曲线相比较。

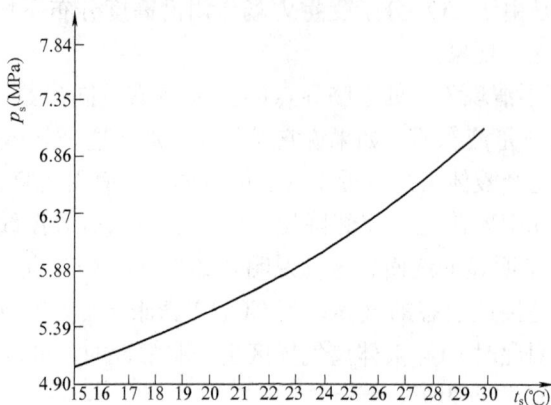

图 2-4　CO_2 饱和温度与饱和压力关系曲线

（4）将实验测得的临界比体积 v_c 与理论计算值一并填入表 2-2 中，分析它们之间的差异及原因。

表 2-2　　　　　　　　实 验 数 据 计 算 表

标准值	实验值	$v_c = \dfrac{RT_c}{p_c}$	$v_c = \dfrac{3}{8}\dfrac{RT_c}{p_c}$
0.002 16			

六、思考题

（1）简述实验原理及过程。

（2）分析比较等温曲线的实验值与标准值之间的差异及原因。分析比较临界比体积的实验值与标准值和理论计算值之间的差异及原因。

（3）简述实验收获及对实验改进的意见。

实验二　气体比定压热容测定实验

气体比定压热容的测定是工程热力学的基本实验之一。实验中涉及温度、压力、热量（电功率）、流量等基本量的测量；计算中用到比热容及混合气体（湿空气）方面的基本知识。该实验的目的是增加热物性实验研究方面的感性认识，促进理论联系实际，以利于培养分析问题和解决问题的能力。

一、实验要求

（1）了解气体比热容测定装置的基本原理和构思。

（2）熟悉该实验中的测温、测压、测热、测流量的方法。

（3）掌握由基本数据计算出比热容值的方法。

（4）分析该实验产生误差的原因及减小误差的可能途径。

二、实验装置

（1）该实验装置由风机、流量计、比热容仪本体、电功率调节及测量系统共四部分组成，如图2-5所示。

（2）比热容仪本体如图2-6所示。

（3）空气（也可以是其他气体）由风机经流量计送入比热容仪本体，经加热、均流、旋流、混流、测温后流出。气体流量由节流阀控制，气体出口温度由输入电器的电压调节。

（4）该比热容仪可测300℃以下气体的比定压热容。

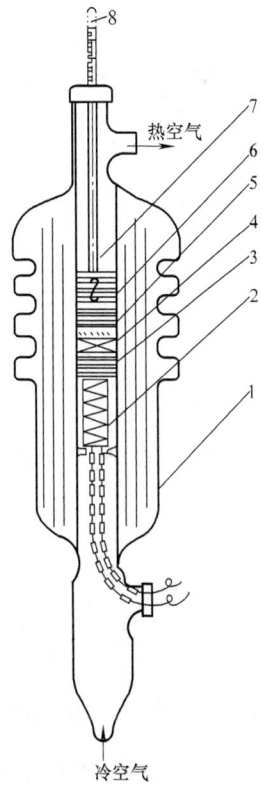

图2-6 比热容仪本体
1—进口温度计；2—多层杜瓦瓶；3—电热器；4—均流网；5—绝缘垫；6—旋流片；7—混流网

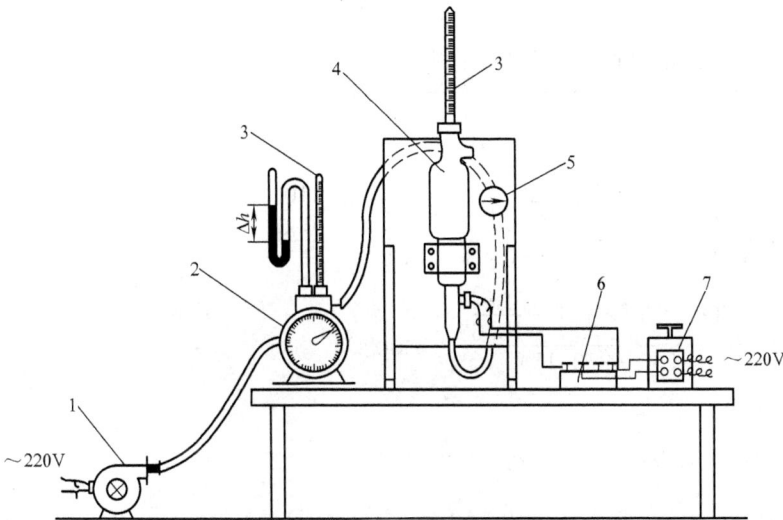

图2-5 比热容测定装置
1—风机；2—流量计；3—温度计；4—比热容仪本体；
5—节流阀；6—电能表；7—调压变压器

三、实验步骤与计算

（1）接通电源及测量仪表，选择所需的进口温度计插入比热容仪本体的混流网中。

（2）取下流量计上的温度计，开启风机，调节节流阀，使流量保持在额定值附近。测出流量计出口空气的干球温度（t_0）和湿球温度（t_w）。

（3）将温度计插回流量计，调节流量，使流量保持在额定值附近。逐渐提高电压，使出口温度升高至预计温度（可以预先估计所需电功率，即 $P \approx \dfrac{\Delta t}{\tau}$，式中：$P$ 为电功率，W；Δt 为进出口温度差，℃；τ 为每流过10L空气所需的时间，s）。

（4）待出口温度稳定后（出口温度在10min之内无变化或有微小起伏，即可视为稳定），读出下列数据：每10L气体通过流量计所需时间 τ、比热容仪进口温度 t_1 和出口温度 t_2、当

时大气压力 B 和流量计出口处的表压 Δh、电热器的电压 V 和电流 I。

（5）根据流量计出口空气的干球温度和湿球温度，从湿空气的焓湿图上查出含湿量，并根据式（2-4）计算出水蒸气的容积成分，即

$$r_w = \frac{d/622}{1+d/622} \qquad (2-4)$$

（6）电热器消耗的功率可由电压和电流的乘积计算，但要考虑电能表的内耗。如果伏特表和毫安表采用的接法有内耗，则应扣除内耗。设毫安表的内阻为 R_{mA}（Ω），则可得电热器单位时间放出的热量为

$$Q = (VI - 0.001 R_{mA} I^2) \times 10^{-6} \quad (kJ/s) \qquad (2-5)$$

（7）干空气流量为

$$m_a = \frac{p_a V}{R_a T_0} = \frac{(1-r_v)\left(B+\dfrac{\Delta h}{13.6}\right) \times 133.322 \times \dfrac{10}{1000\tau}}{287(t_1+273.15)}$$

$$= \frac{4.645 \times 10^{-3}(1-r_v)\left(B+\dfrac{\Delta h}{13.6}\right)}{\tau(t_1+273.15)} \quad (kg/s) \qquad (2-6)$$

（8）水蒸气流量为

$$m_v = \frac{p_v V}{R_v T_0} = \frac{r_v\left(B+\dfrac{\Delta h}{13.6}\right) \times 133.322 \times \dfrac{10}{1000\tau}}{461(t_1+273.15)}$$

$$= \frac{2.89 \times 10^{-3} r_v\left(B+\dfrac{\Delta h}{13.6}\right)}{\tau(t_1+273.15)} \quad (kg/s) \qquad (2-7)$$

（9）水蒸气吸收的热量为

$$Q_v = m_v \int_{t_1}^{t_2} (1.844 + 4.886 \times 10^{-4} t)\,dt$$

$$= m_v [1.844(t_2-t_1) + 2.443 \times 10^{-4}(t_2^2-t_1^2)] \quad (kJ) \qquad (2-8)$$

（10）干空气的比定压热容为

$$c_{pm}\big|_{t_1}^{t_2} = \frac{Q_g}{m_a(t_2-t_1)} = \frac{Q-Q_v}{m_a(t_2-t_1)} \quad [kJ/(kg \cdot ℃)] \qquad (2-9)$$

（11）计算举例。

某一稳定工况的实测参数为

$$t_0 = 8℃,\ t_w = 7.5℃,\ B = 748.0mmHg$$

$$t_1 = 8℃,\ t_2 = 240.3℃,\ \tau = 69.96s/10L$$

$$H = 16mmH_2O,\ V = 174.4V,\ I = 240.0mA$$

$$R_{mA} = 0.24Ω$$

查焓湿图得 $d=6.3g/kg$ 干空气（$\varphi=94\%$）

$$r_v = \frac{6.3/622}{1+6.3/622} = 0.010\,027$$

$$Q = (174.4 \times 240 - 0.001 \times 0.24 \times 240^2) \times 10^{-6} = 41.84 \times 10^{-3} \quad (kJ/s)$$

$$m_a = \frac{4.647 \times 10^{-3}(1-0.010\,027)(748+16/13.6)}{69.96(8+273.15)} = 175.23 \times 10^{-6} \quad (kg/s)$$

$$m_v = \frac{2.892 \times 10^{-3} \times 0.010\,027(748 + 16/13.6)}{69.96(8 + 273.15)} = 1.104 \times 10^{-6} \quad (\text{kg/s})$$

$$Q_v = 1.104 \times 10^{-6}[1.844(240.3 - 8) + 2.443 \times 10^{-4}(240.3^2 - 8^2)] = 0.487 \times 10^{-3} \quad (\text{kJ/s})$$

$$c_{pm}\big|_{t_1}^{t_2} = \frac{41.84 \times 10^{-3} - 0.487 \times 10^{-3}}{175.23 \times 10^{-6}(240.3 - 8)} = 1.016 \quad [\text{kJ/(kg} \cdot \text{℃)}]$$

（12）比定压热容随温度的变化关系。假定在 0～300℃ 之间，空气的真实比定压热容与温度之间近似地有线性关系，即

$$c_p = a + bt$$

则由 t_1 到 t_2 的平均比定压热容为

$$c_{pm}\big|_{t_1}^{t_2} = \frac{\int_{t_1}^{t_2}(a + bt)\,\mathrm{d}t}{t_2 - t_1}$$

$$= a + b\frac{t_1 + t_2}{2} \qquad (2-10)$$

因此，若以 $\frac{t_1 + t_2}{2}$ 为横坐标、$c_{pm}\big|_{t_1}^{t_2}$ 为纵坐标（如图 2-7 所示），则可根据不同温度范围内的平均比定压热容确定截距 a 和斜率 b，从而得出比定压热容随温度变化的计算式。

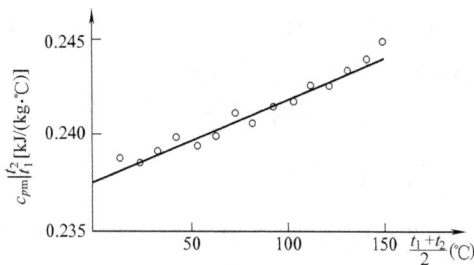

图 2-7　比定压热容随温度变化的关系

四、注意事项

（1）切勿在无气流通过的情况下使电热器投入工作，以免引起局部过热而损坏比热容仪本体。

（2）输入电热器的电压不得超过 220V，气体出口最高温度不得超过 300℃。

（3）加热和冷却要缓慢进行，防止温度计和比热容仪本体因温度骤降而断裂。

（4）停止实验时，应先切断电热器，使风机继续运行 15min 左右（温度较低时可适当缩短）。

单元三　传　热　学

实验一　材料热导率和热扩散率测定实验

方法一　常功率平面热源法

一、实验目的和任务

（1）巩固和深化不稳定导热过程的基本理论，学习用常功率平面热源法测定材料热导率和热扩散率的实验方法和技能。

（2）测定材料的热导率和热扩散率。

二、预习要求

实验前应认真阅读指导书，对实验装置系统图以及实验中主要仪器的使用应有一定的了解，并画好记录数据计算表格。

三、实验装置及测试仪表

如图 3-1 所示，试样 Ⅰ、Ⅱ、Ⅲ 是厚度分别为 δ_1、δ_2、$\delta_3 = \delta_1 + \delta_2$ 的三块相同材料的试样，长、宽是厚度的 8～10 倍。试样 Ⅰ、Ⅲ 之间放置了一个均匀的平面发热片，用晶体管直流电源供电，R_1、R_2、R_3 都是标准电阻，测试时用 UJ-31 型或 UJ-31a 型电位差计测量 R_1 和 R_2 上的电压降 V_1 和 V_2，从而计算出平面热源的加热功率。

试样 Ⅰ 的上、下表面中间分别装有铜—康铜热电偶 2 和热电偶 1，可以测出 τ_1 时刻，图 3-2 中试样 Ⅰ 与加热器接触面上的温升 $\theta_{0,\tau_1} = t_{0,\tau_1} - t_{0,0}$ 以及 τ_2 时刻试样 Ⅰ 和 Ⅱ 接触面的温升 $\theta_{\delta_1,\tau_2} = t_{\delta_1,\tau_2} - t_{\delta_1,0}$，热电偶的热电动势用 UJ-31 型或 UJ-31a 型电位差计测定。

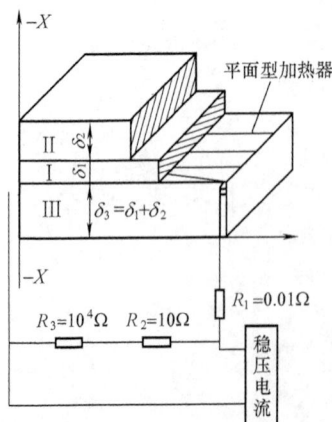

图 3-1　常热流边界条件下
无限大物体内的温度场

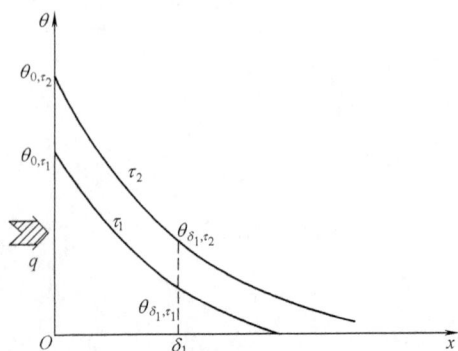

图 3-2　常热流边界条件下
无限大物体内的温度场

四、实验原理

根据不稳定导热过程的基本理论，初始温度为 t_0 的半无限大均质物体，当表面被常功率热流加热时，温度场由以下导热微分方程求解，即

$$\frac{\partial \theta}{\partial \tau} = a \frac{\partial^2 \theta}{\partial x^2} \qquad (3-1)$$

初始条件 $\qquad\qquad\qquad \tau = 0, \theta_{x,0} = 0$

$$\qquad\qquad\qquad\qquad\qquad\qquad\qquad\qquad\qquad\qquad (3-2)$$

边界条件 $\qquad\qquad x = 0, q = -\lambda \left(\frac{\partial \theta}{\partial x} \right)_{\mathrm{w}} = 常数$

式中 θ——过余温度，以 t_0 为基准，例如，τ_1 时刻离表面距离为 δ 的点的过余温度 $\theta_{\delta_1,\tau_1} = t_{\delta_1,\tau_1} - t_0$，如图 3-2 所示；

$\qquad q$——热流密度，W/m^3；

$\qquad \lambda$——热导率；$W/(m \cdot ℃)$。

由式（3-2），解式（3-1）得

$$\theta_{x,\tau} = \frac{2q}{\lambda} \sqrt{a\tau} \, \mathrm{ierfc} \left(\frac{X}{2\sqrt{a\tau}} \right) \qquad (3-3)$$

式中 $\mathrm{ierfc} \left(\frac{X}{2\sqrt{a\tau}} \right)$——高斯误差补函数的一次积分值。

图 3-2 所示为常热流边界条件下无限大物体内的温度场。根据式（3-3），若物体初温为 t_0，从 0 时刻开始以常热流密度 q 加热，测出 τ_1 时刻表面温度 θ_{0,τ_1}，以及 τ_2 时刻离表面 δ_1 距离处的温度氏 θ_{δ_1,τ_2}（δ_1 是设定的测点位置），则由下列运算可得出该物体的热扩散率及热导率。

在 τ_1 时刻，由式（3-3）得

$$\theta_{0,\tau_1} = \frac{2q}{\lambda} \sqrt{a\tau_1} \, \mathrm{ierfc}(0) = \frac{2q}{\lambda} \sqrt{\frac{a\tau_1}{\pi}} \qquad (3-4)$$

在 τ_2 时刻，由式（3-3）得

$$\theta_{\delta_1,\tau_2} = \frac{2q}{\lambda} \sqrt{a\tau_2} \, \mathrm{ierfc} \left(\frac{\delta_1}{2\sqrt{a\tau_2}} \right) \qquad (3-5)$$

用式（3-4）除以式（3-5），并消去 q 及 λ，整理后得

$$\mathrm{ierfc} \left(\frac{\delta_1}{2\sqrt{a\tau_2}} \right) = \frac{\theta_{\delta_1,\tau_2}}{\theta_{0,\tau_1}} \frac{1}{\sqrt{\pi}} \sqrt{\frac{\tau_1}{\tau_2}} \qquad (3-6)$$

由实验测得的 θ_{δ_1,τ_2}、θ_{0,τ_1}、τ_1、τ_2 等值，代入式（3-6）可求得 $\mathrm{ierfc} \left(\frac{\delta_1}{2\sqrt{a\tau_2}} \right)$ 的值，

再由函数表得到 $\frac{\delta_1}{2\sqrt{a\tau_2}}$ 的值，从而可由已知的 δ_1 及 τ_2 求得热扩散率 a，再代入式（3-4）就可求出热导率 λ。因此，该实验可同时测出热导率与热扩散率。

此法测出的数据可认为是平均温度 $t_\mathrm{m} = (t_{0,\tau_1} + t_{\delta_1,\tau_2})$ 时的导热物性参数数据。

五、实验步骤

（1）测出试样厚度 δ_1，安装热电偶及试样。将 2 号及 1 号热电偶贴在试样的上下表面中间位置处，3 号热电偶贴在试样Ⅱ的上表面中间位置，4 号热电偶贴在加热器的边框上，然

后测试试样周围空气的温度 t_f，组装好试样，罩上有机玻璃罩。

（2）按图 3-1 所示的线路，详细检查各接线线路及热电偶测量系统（如果线路已接通，则应仔细观察线路的连接）。

（3）将仪表调零，然后测出 1 号热电偶的热电动势数 $t_{0,0}$ 和 2 号热电偶的热电动势数 $t_{\delta_1,0}$。当 $t_{0,0}$ 和 $t_{\delta_1,0}$ 的读数相差 4% 以内时，记下 $t_{0,0}$ 与 $t_{\delta_1,0}$，开始测试。

（4）开始加热时（合上电源开关的同时），按下电子秒表的启动按钮，用于记录加热时间，具体做法如下：加热时间到 τ_1 时，读取电位差计读数（1 号热电偶的热电动势数）t_{0,τ_1}（mV）；加热时间到 τ_2 时，读取电位差计读数（2 号热电偶的热电势数）t_{δ_1,τ_2}（mV）（注意秒表一直开启）。用同样的方法测出几组 t_{0,τ_1} 和 t_{δ_1,τ_2}。各组数值测取的时间间隔 τ_1、τ_2 在 40～120s 内。

在记录最后一组 t_{δ_1,τ_2} 的同时，按停电子秒表，记下加热总时间。整个实验应在 20min 内完成。

（5）测出标准电阻 R_1 和 R_2 上的压降 V_1 和 V_2，从而计算出平面热源的热功率，即

$$Q = \frac{V_1}{R_1}\frac{V_2}{R_2}(R_2 + R_3)$$
$$= \frac{V_1 \times 10^{-3}}{0.01}\frac{V_2 \times 10^{-3}}{10} \times 10\,010 = 0.1001V_1V_2 \quad (\text{W})$$

（六）实验数据处理

根据实验所测数据，选择 $X=0.5～0.7$ 之间的一组数据代入公式，计算出热导率 λ 和热扩散率 a。

（七）实验报告要求

（1）将实验测试数据填入表 3-1 中，选取 $X=0.5～0.7$ 间的一组数据作为测试结果。

（2）分析可能存在的测量误差及对最后结果的影响。

表 3-1　　　　　　　　　　　　　实验测试数据记录表

实验日期	试　　样						加热面积 F	备注
	名称	含水量	干重	湿重	密度	厚度		

	项　　目					
原始记录	试材初温		$t_{0,0}$		$t_{\delta_1,0}$	R_1压降 V_1（mV）
		mV		mV		
		℃		℃		R_2压降 V_2（mV）
	τ_1	s				
	t_{0,τ_1}	mV				
		℃				
	τ_2	s				
	t_{δ_1,τ_2}	mV				
		℃				

续表

实验日期	试样						加热面积 F	备注
	名称	含水量	干重	湿重	密度	厚度		

	项　目				
计算数据	$t_m = \dfrac{t_{0,\tau_1} + t_{\delta_1,\tau_2}}{2}$	℃			
	τ_1	s			
		h			
	$\theta_{0,\tau_1} = t_{0,\tau_1} - t_{0,0}$	mV			
		℃			
	τ_2				
	$\theta_{\delta_1,\tau_2} = t_{\delta_1,\tau_2} - t_{\delta_1,0}$				
	$\phi = \dfrac{\theta_{\delta_1,\tau_2}}{\theta_{0,\tau_1}} \sqrt{\dfrac{\tau_1}{\tau_2}}$				
	$\mathrm{ierfc}(X) = \dfrac{1}{\sqrt{\pi}} \phi$				
	X				
	$q = \dfrac{0.1001}{F} V_1 V_2$	W/m^2			
	$a = \dfrac{\delta^2}{4X^2 \tau_2}$	m/h			
	$\lambda = \dfrac{0.5642 \times q}{\theta_{0,\tau_1}} \sqrt{a\tau_1}$	W/(m·℃)			

方法二　稳 态 平 板 法

一、实验目的和任务

（1）巩固和深化稳定导热过程的基本理论，学习用平板法测定材料热导率的实验方法和技能。

（2）测定材料的热导率。

（3）确定试样热导率与温度的关系。

（4）学会用电位差计及热电偶测量温度，用电位差计及标准电阻精确测定电功率。

二、实验装置及测量仪表

平板法测定绝热材料热导率的实验装置如图 3-3 所示。试样 3 做成两块方形平板，尺寸为 300mm×300mm。试样被夹紧在加热面 1 和冷却面 4 之间。加热表面采用铜板，使表面温度保持均匀。依靠尺寸为 150mm×150mm 的主加热器 1（设备在加热面下）实现加热

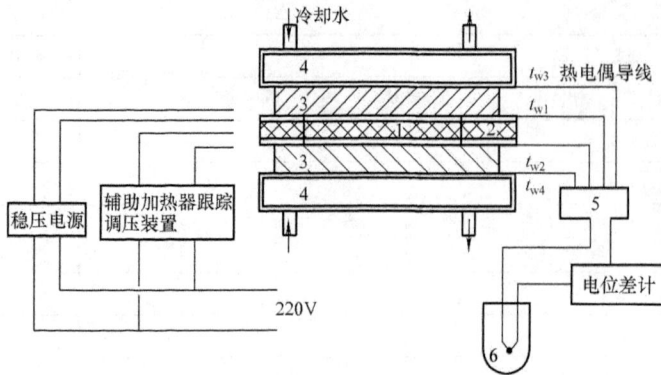

图 3-3 平板法测定绝热材料热导率的实验装置
1—主加热器；2—辅加热器；3—平板试样；
4—水冷却器；5—热电偶测温开关；6—冰点瓶

面的加热。试样冷面由水冷却器 4 冷却，其中的冷却水是由恒温器提供的。

为使主加热器 1 所发生的热量全部能通过试样 3，并由水冷却器 4 中的冷却循环水所带走，在主加热器的周围设有辅助加热器 2（环形电炉）并使之与主加热器的温度相等。为了减少热损失，全部设备都放在带有绝缘层的外壳中。

加热表面的温度 t_{w1}（或 t_{w2}）和冷却表面的温度 t_{w3}（或 t_{w4}）都用热电偶测定。为了控制辅助加热器的工作，在辅助加热器上设置一环形铜板并使其温度与 t_{w1}（或 t_{w2}）相等。可以通过自动控制装置，调节辅助加热器的电流，使辅助加热器的铜板温度一直跟踪主加热表面的温度 t_{w1}（t_{w2}），直到最后达到稳定平衡。

各热电偶点与转换按钮连接，可直接在直流数字电压表上读数。读出电压表上的电压及电流表上的电流，然后计算求得电功率。

三、实验原理

热导率是表征材料导热能力的物理量。对于不同的材料，热导率是各不相同的；对于同一材料，热导率还随着温度、压力、物质的结构和重度等因素而异。各种保温材料的热导率都用实验的方法测定。稳态平板法就是一种应用一维稳态导热过程的基本原理，测定保温材料热导率的方法。

在稳态情况下，一维导热过程可直接由傅里叶定律求解，即

$$q = -\lambda \frac{dt}{dx} \tag{3-7}$$

式中　q——热流密度，W/m^2；

　　$\frac{dt}{dx}$——试样内的温度梯度，$℃/m$；

　　λ——材料的热导率，$W/(m \cdot ℃)$。

大多数工程材料的热导率均与温度有关，如图 3-4 所示。一般来说，热导率与温度的关系是曲线关系，而且对于非金属固体材料，热导率大都随温度的增加而增大。但是在工程应用中，当温度变化范围不大时，这种关系可近似认为是直线。如图 3-4 所示，当把 t_1 与 t_2 区间内的 $\lambda = f(t)$ 作为直线关系处理时，有

$$\lambda = \lambda_0(1 + bt) \tag{3-8}$$

式中　λ_0——把 t_1 与 t_2 区间内的 $\lambda = f(t)$ 直线关系延伸到 $t = 0℃$ 时的 λ 坐标轴上的截距，不同温度区间的 λ 值将不同；

　　b——与材料性质及温度范围有关的系数。

将式（3-8）代入式（3-7）中，得到

$$q = -\lambda(1+bt)\frac{\mathrm{d}t}{\mathrm{d}x} \tag{3-9}$$

实验采用均质材料试样。试样内建立的一维稳态温度场，如图3-5所示，边界条件为

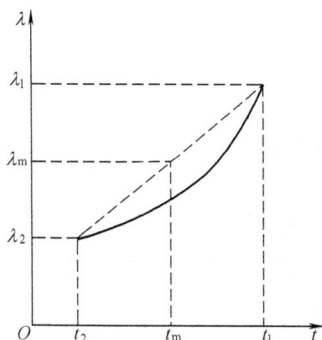

图3-4 $\lambda = f(t)$ 关系曲线

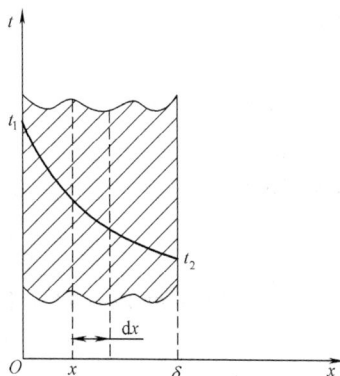

图3-5 平板内的一维导热过程

$$x = 0, \quad t = t_1$$
$$x = \delta, \quad t = t_2$$

对式（3-9）积分并代入上述边界条件，得

$$q = \lambda_0 \left(1 + b\frac{t_1 - t_2}{2}\right)\frac{t_1 - t_2}{\delta}$$

$$= \lambda_0 (1 + bt_{\mathrm{m}})\frac{t_1 - t_2}{\delta}$$

$$= \lambda_{\mathrm{m}}(t_1 - t_2)/\delta \tag{3-10}$$

式中 λ_{m}——平均温度 $t_{\mathrm{m}} = (t_1 + t_2)/2$ 下的材料的热导率。

由式（3-10）可得稳态平板法测热导率的基本原理式，即

$$\lambda_{\mathrm{m}} = \frac{q\delta}{t_1 - t_2} = \frac{Q\delta}{F(t_1 - t_2)} \tag{3-11}$$

式中 F——试样的有效导热面积，m^2；

Q——通过试样面积 F 的热流量，W。

因此，只要创建一定的条件，使平板试样内维持一维稳态温度场，并测出 δ、F、Q、t_1 和 t_2 等值，则可由式（3-11）求得 t_{m} 下的热导率 λ_{m}。

根据不同温度条件下所确定的热导率 λ_t 与对应的平均温度 t 就可以根据式（3-8）求得 λ_0 和 b 的值，从而可确定 $\lambda-t$ 关系曲线。

四、实验步骤

将试样装在烘箱中做干燥处理，然后将试样装入设备中。试样两表面应加工平整，并与加热铜板及冷板紧密相贴，不允许有空隙。如果试样表面不够平整，可在试样和铜板间撒上同样材料的粉末或者涂上一薄层凡士林，以求接触良好。试样安装好后便可开始进行实验。

接通电源开关，使6V工作电池、恒温器、跟踪器均进入工作状态。接通主、辅加热器电源，调节跟踪器，使仪器进入自动跟踪状态。

当加热器表面的温度 t_{w1}、t_{w2} 及冷却表面的温度 t_{w3}、t_{w4} 不随时间发生变化时，跟踪器指示零点，指针摆动应小于一格，这时表示仪器达到稳定状态，可以正式测读并记录数据。

五、实验数据处理

主加热器发出的功率应为

$$Q = IV \quad (\text{W}) \tag{3-12}$$

式中 I——主加热器电流；

V——主加热器电压。

材料热导率可以由式（3-13）计算（当两块试样厚度相等时），即

$$\lambda = \frac{IV\delta}{F\left[(t_{w1} - t_{w3}) + (t_{w2} - t_{w4})\right]} \tag{3-13}$$

式（3-13）计算所得的材料热导率是平均温度 t_m 时的热导率，计算式为

$$t_m = \frac{t_{w1} + t_{w2} + t_{w3} + t_{w4}}{4} \tag{3-14}$$

在各种不同的平均温度下，测定材料热导率和温度的关系式 $\lambda_m = f(t_m)$，对于大多数材料，这个关系式表现为线性。

六、实验报告要求

（1）将实验测试数据和处理结果填入表 3-2 中。

表 3-2   测 试 记 录 计 算 表

实验日期	试 样						加热面积 F	备注
	名称	厚度	直径	密度	干重	湿重		

数据代号		测试时刻				平均温度
原始记录	t_{w1}	mV				
		℃				
	t_{w2}	mV				
		℃				
	t_{w3}	mV				
		℃				
	t_{w4}	mV				
		℃				
计算数据	$t_m = \dfrac{t_{w1} + t_{w2} + t_{w3} + t_{w4}}{4}$	℃				
	加热器电流 I	A				
	加热器电压 V	V				
	$Q = IV$	W				
	$\lambda = \dfrac{Q\delta}{F\left[(t_{w1} - t_{w3}) + (t_{w2} - t_{w4})\right]}$	W/(m·℃)				

（2）用测试的热导率和平均温度连同实验给定的若干组数据做出热导率和温度的关系曲线。

（3）从 $\lambda - t$ 关系曲线中选取两点代入式（3-8）中，求出 λ_0 和 b 值，并求出此关系式。

（4）分析实验中可能存在的测量误差及对最后结果的影响。

方 法 三 热常数分析仪法

一、实验目的和任务

（1）巩固和深化不稳定导热过程的基本理论，学会用瞬态平面热源法测定材料的热导率和热扩散率。

（2）测定试样的热导率 λ 和热扩散率 a。

二、实验装置

实验所用装置为 Hot Disk 2500 热常数分析仪及被测试样。

三、实验原理

该实验采用一个薄层圆盘形的温度依赖电阻作为试样探头，探头是由导电金属镍经刻蚀处理后形成的连续双螺旋结构的薄片，外层为双层 Kapton 保护层。外层的 Kapton 保护层的厚度只有 0.025mm，它可使探头具有一定的机械强度，同时保持探头与试样之间的电绝缘性。与热线法（Hot Wire）和热带法（Hot Strip）一样，由于采用具有热阻性的材料同时作为热源和温度传感器，瞬态平面热源技术能够覆盖较大的热导率范围，因而可以同时适用于各种不同类型的材料。

测试时，探头被夹在两片试样中间，形成类似三明治的结构（如图3-6所示），在探头上通过恒定输出的直流电，由于温度的增加，探头的电阻发生变化，从而在探头两端产生电压降，通过记录在一段时间内电压和电流的变化，可以较为精确地得到探头和被测试样中的热流信息。

Hot Disk 2500 热常数分析仪在测试时，假设试样是无限大的，而探头是由一定数目的同心环状热源形成的。当探头通电加热时，电阻值随时间的变化可表示为

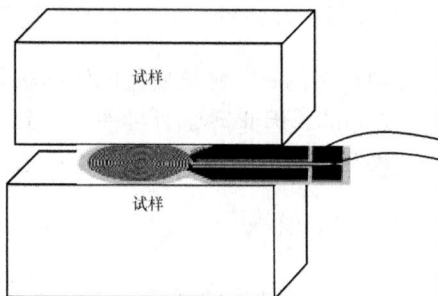

图3-6 平面热源探头放置在试样中间的结构图

$$R(t) = R_0 \{ 1 + \alpha [\Delta T_i + \Delta T_{ave}(\tau)] \} \qquad (3-15)$$

式中　t——时间；

　　　τ——见式（3-19）；

　　R_0——$t=0$ 时镍盘的阻值；

　　　α——镍电阻的温度系数；

　ΔT_i——护层薄膜两边的温度差；

ΔT_{ave}——与探头接触侧的试样温升。

由式（3-15）可得

$$\Delta T_{\mathrm{ave}}(\tau) + \Delta T_i = \frac{1}{\alpha}\left[\frac{R(t)}{R_0} - 1\right] \qquad (3-16)$$

这里，ΔT_i 表示试样和探头之间的热接触度，当 $\Delta T_i = 0$ 时表示试样与探头之间的完美接触。通常经过一个很短的时间 Δt_i 之后，ΔT_i 是一个常量，这段时间可以表示为

$$\Delta t_i = \frac{\delta^2}{a} \qquad (3-17)$$

式中　δ——绝缘层的厚度；

　　　a——护层材料的热扩散率。

因此 ΔT_{ave} 可以表示为

$$\Delta T_{\mathrm{ave}}(\tau) = \frac{P_0}{\pi^{\frac{3}{2}} r\lambda} D(\tau) \qquad (3-18)$$

式中　P_0——从探头输出的总功率；

　　　r——探头的半径；

　　　λ——被测材料的热导率；

　　　$D(\tau)$——无量纲时间函数。

$$\tau = \sqrt{\frac{t}{\Theta}} \qquad (3-19)$$

式中　t——测试时间；

　　　Θ——特征时间，即

$$\Theta = \frac{r^2}{a} \qquad (3-20)$$

通过运算得到 ΔT_{ave} 随 $D(\tau)$ 变化的曲线为一条直线，其截距为 ΔT_i，斜率为 $\dfrac{P_0}{\pi^{\frac{3}{2}} r\lambda}$。

需要注意的是，测试所用的时间必须远大于 Δt_i。然而在运算热导率 λ 之前，热扩散率 a 也是未知的，因此需要通过迭代运算来计算。如果在测试热导率前，给出试样的比热容值，系统将得到更为准确的热导率数值。

四、实验步骤

（1）打开在 Hot Disk 2500 热常数分析仪主机后面板的开关，启动仪器。通常，在测试前，仪器需至少预热 30min。

（2）打开计算机。

（3）双击桌面上的 Hot Disk 2500 热常数分析仪图标，进入软件界面，如图 3-7 所示。

（4）将 Kapton 探头固定在试样架上，将两块试样分别放置于探头两边，然后用试样夹具固定，使探头与试样之间没有空隙，以保证探头产生的所有热量均被试样吸收。探头放置情况如图 3-8 所示。

注：热导率的大小与温度有关，因此，试样在测试前应有一定的稳定时间，以保证其温度与室温一致，不存在内部温度梯度。

正确的 Temperature Drift vs Time 图是散点分布的，这表明试样内部的温度是均一的。通常，过快的连续测试会使试样局部过热，如出现图 3-9 所示的趋势，则表明需要等待一定时间。

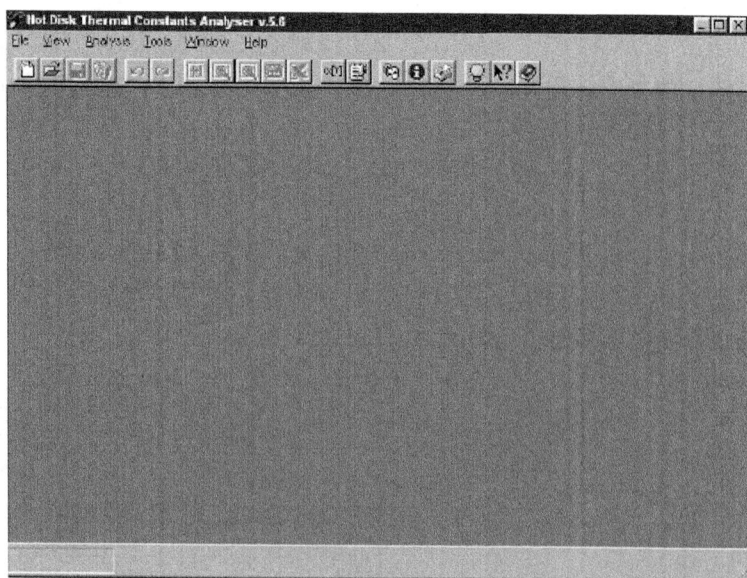

图 3-7 Hot Disk 软件界面

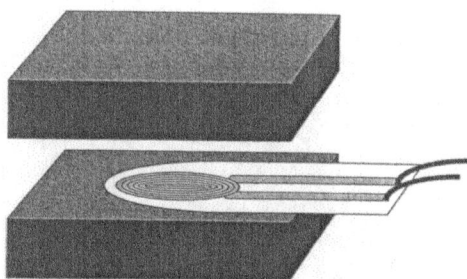

图 3-8 探头放置情况

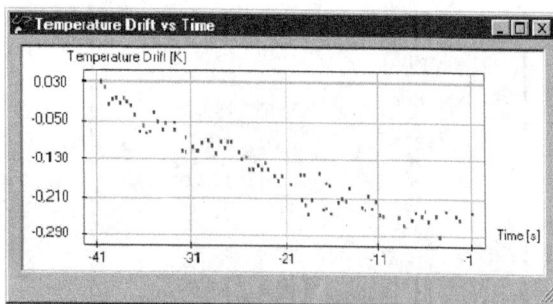

图 3-9 Temperature Drift vs Time 界面

（5）从 File 选择 New Experiment，选择 Standard，然后单击 OK，出现如图 3-10 所示的界面。

（6）选择实验参数。

1）Sample identity（试样名称）。

2）Available Probing Depth（试样可检测深度）。

3）Initial Temperature（温度）。

注：以上三项只作为实验记录，对结果无影响。

4）Disk Type（探头类型），选 Kapton。

5）Radius of Disk（探头半径），根据使用的不同型号，具体见探头上的标注：

7577：2.001mm

5465：3.189mm

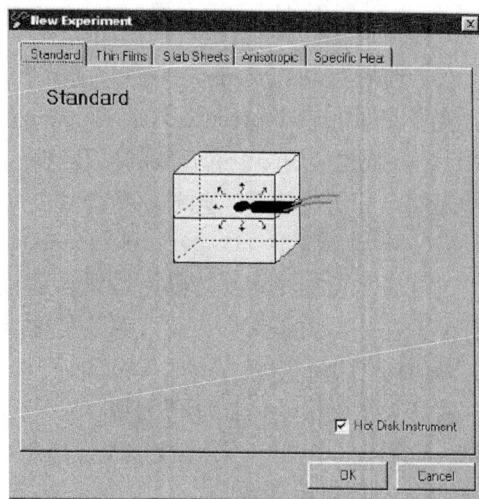

图 3-10 New Experiment 界面

5501：6.403mm

4921：9.719mm

建议：探头的半径小于试样厚度和半径，即试样的尺寸越大，则可选择的探头范围就越宽。

6）TCR（热阻系数），根据不同温度变化，如 0.0047 K^{-1}（20℃），可根据图 3-11 所示的情况简单计算。

7）Output of Power 和 MeasuringTime（输出功率和测试时间），是测试的关键参数，旁边有 Parameter Wizard 可提供一些建议。通常，热导率越高，输出功率越大，测试时间越短；热导率越小，输出功率越小，测试时间越长。

（7）单击 Single Measurement，然后单击 Run Experiment（开始实验）。

（8）仪器先对电桥进行平衡，然后记录 40s 基线，最后开始检测试样。实验结束后，出现图 3-12 所示的界面。

Temperature (°C)	TCR (1/K)
0	0.00484
20	0.00470
30	0.00463
40	0.00456
50	0.00449
60	0.00443
70	0.00436
80	0.00430
90	0.00424
100	0.00418
110	0.00412
120	0.00406
150	0.00390
200	0.00368
300	0.00342
400	0.00149
500	0.000971
600	0.000860
700	0.000770
750	0.000735

图 3-11　TCR 界面

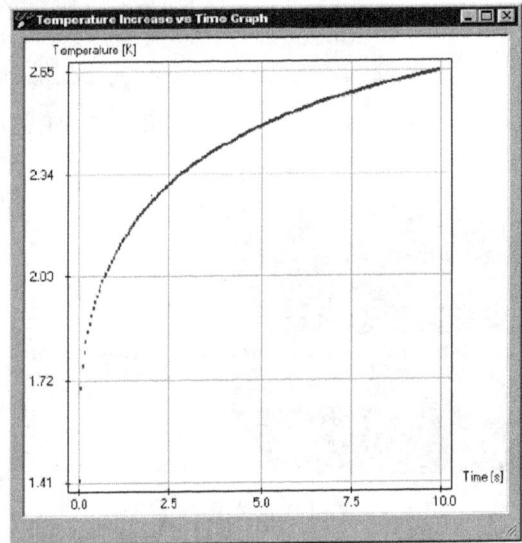

图 3-12　Temperature Increase vs Time Graph 界面

（9）选择 Calculations，然后出现如图 3-13 所示的界面。

选择 Calibrated Specific Heat Capacity of Sensor（补偿探头的热吸收），单击 Standard Analysis。根据灯的颜色和直线的拟合情况，调整数据选取或参数，最终可得到如图 3-14 所示的界面，即所需结果，此时，两个灯的颜色均为绿色。

（10）参数调整。Temperature Increase 正常为 0.3~5K，过低或过高会显示黄灯或红灯。黄灯表示可接受，红灯则为错误。调整的方法是改变 Output of Power。功率过大对探头有损害，甚至烧坏探头，建议调整是逐步增加的，不要一下调得过高。

Total to Character Time（特征时间）正确的范围为 0.3s，过低或过高会显示黄灯或红灯。黄灯表示可接受，红灯则为错误。Total to Character Time＝Ht/r^2，（其中，t 为测试时间；r 为探头半径），调整的方法是改变 t 和 r。

（11）常用起始参数。

1）硅胶：Output of Power＝0.005W，t＝10s。

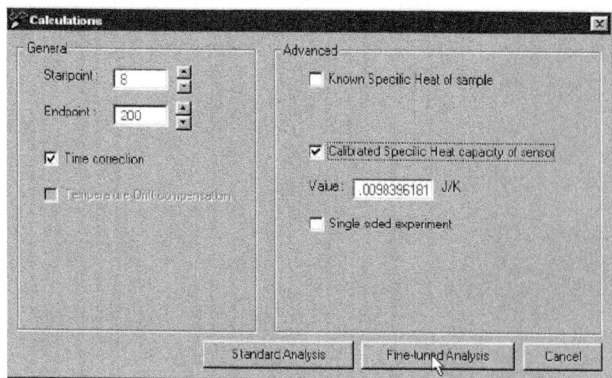

图 3-13　Calculations 界面

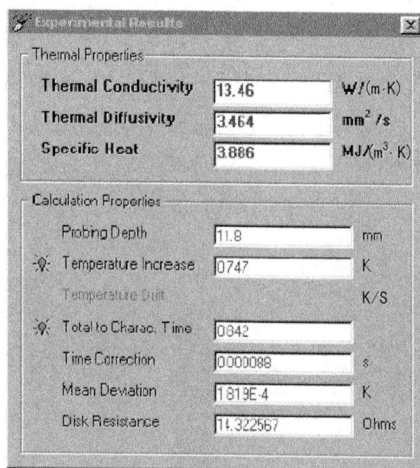

图 3-14　Experimental Resulte 界面

2）锡：Output of Power=1.5W，t=1s。

3）不锈钢：Output of Power=0.8W，t=10s。

4）泡沫塑料：Output of Power=0.005W，t=10s。

5）热导率：100W/(m·K)，Output of Power=1.5W，t=1s。

10W/(m·K)，Output of Power=0.5W，t=10s。

1W/(m·K)，Output of Power=0.02W，t=10s。

0.1W/(m·K)，Output of Power=0.005W，t=20s。

6）试样尺寸最小要求：厚度大于探头半径，直径大于探头直径的 2 倍。

实验二　空气自由流动换热系数的测定实验

一、实验目的

（1）了解自然对流换热的实验研究方法。

（2）测定空气自由流过单管表面时的平均对流换热系数 α，并将实验数据整理成准则方程式。

（3）学习测量温度、热量的基本方法。

二、实验装置

该实验由 4 根直径不同的水平圆管组成，并配以相应的功率测量仪表（电流表、电压表）、温度测量仪表（电位差计或数字电压表、水银温度计）等。实验装置如图 3-15 所示。

由于 Gr 的大小受管子直径影响最大，

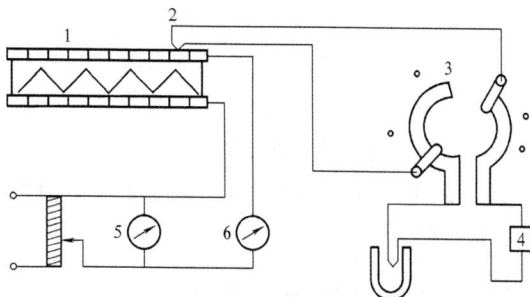

图 3-15　自然对流实验装置系统图

1—实验管；2—热电偶；3—转换开关；4—电位差计；5—电压表；6—电流表

因此只有采用一组不同直径的管子进行实验，才能获得较大 Gr 数范围内的实验数据。

把镍铬电阻丝均匀绕制的加热器装在管内，管壁嵌有数对镍铬—镍硅热电偶，用以测定管表面温度。管壁平均温度由这些热电偶的算术平均值计算。

管子的长度应远大于它的直径，同时加强实验管端部的热绝缘，以减少端部热损失。为减少管子表面的发射率，管子表面进行了镀镍铬处理。

4 根管子的尺寸如下

$$L_1 = 2000\text{mm}, \quad d_1 = 80\text{mm}$$

$$L_2 = 1600\text{mm}, \quad d_1 = 60\text{mm}$$

$$L_3 = 1200\text{mm}, \quad d_3 = 45\text{mm}$$

$$L_4 = 1000\text{mm}, \quad d_4 = 30\text{mm}$$

（三）实验原理

按壁面平均温度计算的平均对流换热系数为

$$\alpha = \frac{Q_c}{(t_w - t_f)F} \quad [\text{W/(m}^2 \cdot \text{℃})] \tag{3-21}$$

式中 t_w——管壁平均温度，℃；

t_f——远离实验管的周围空气温度，℃；

F——管子换热面积，m^2；

Q_c——对流换热量，W。

实验管平均对流换热系数与壁面尺寸、空气物性、温差等的关系由下列准则方程式关联

$$Nu = C(GrPr)^n \tag{3-22}$$

$$Gr = \frac{g\beta\Delta t d^3}{\nu^2}$$

$$Pr = \nu/a$$

$$\beta = 1/T$$

式中 Gr——格拉晓夫准则；

Pr——普朗特准则；

β——空气膨胀系数，K^{-1}；

a——空气热扩散率，m^2/s；

ν——空气运动黏度，m^2/s；

d——水平圆管的直径，m。

为了确定式（3-22）中的系数 C、n，应在实验中测量 Nu、Pr 及 Gr 中有关的各量，即 t_f、t_w、Q、d 等。

（四）实验方法与数据处理

（1）实验数据应在充分稳定的状态下测取。为此，对于每根管子，从实验加热开始，每隔一定时间测取一次温度，从 t_w 随时间 τ 的变化情况，判断温度是否已达稳定，如图 3-16

所示。由于实验功率一般比较低，因此当实验管的热容量较大时，达到热稳态所需的时间就比较长。

（2）关于实验数据的处理，主要考虑以下问题：

1）定性温度。用壁温与周围空气温度的平均值作为定性温度。

2）对流换热量。对流换热量等于管子散热量（测出的电加热功率）减去辐射散热量。辐射散热量用式（3-23）计算，即

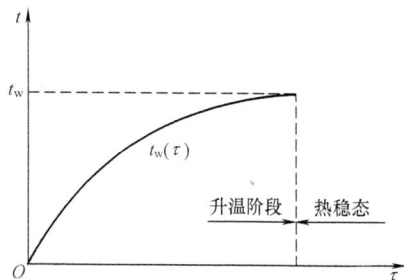

图 3-16　壁面温升曲线

$$Q_R = \varepsilon C_b \left[\left(\frac{T_w}{100} \right)^4 - \left(\frac{T_f}{100} \right)^4 \right] F \quad (\text{W}) \qquad (3-23)$$

式中　ε——管子表面发射率；

C_b——黑体辐射系数，取 $5.67\text{W}/(\text{m}^2 \cdot \text{K}^4)$；

T_w——管子表面平均温度，K；

F——管子换热面积，m^2，$F = \pi d L$，其中 L 为换热部分的长度；

T_f——周围壁面的温度，K，近似取周围空气的温度。

（3）由实验数据确定 Nu 数与 $GrPr$ 数。

五、实验报告要求

（1）将实验测试数据和原始数据填入表3-3中。

表 3-3　　　　　　　　　　　　　实验原始数据记录表

	管号	温度	t_1	t_2	t_3	t_4	t_5	t_6	t_7	t_8		t
实验管壁面温度	1号	mV									平均温度	
		℃										
	2号	mV										
		℃										
	3号	mV										
		℃										
	4号	mV										
		℃										
实验管号				1号		2号		3号		4号		
周围空气温度	t_f	℃										
定性温度	t_m	℃										
加热电流	I	A										
加热电压	V	V										
空气热导率	λ	W/(m·℃)										
空气膨胀系数	β	K^{-1}										
空气运动黏度	ν	m^2/s										
实验管直径	d	m										
实验管长度	L	m										

（2）将实验计算结果填入表 3-4 中。

表 3-4　　　　　　　　　　　　实 验 计 算 结 果 表

项目 \ 管号		1号	2号	3号	4号
实验管子换热面积 $F=\pi Ld$	m^2				
实验管加热量 $Q=IV$	W				
实验管辐射散热量 $Q_R=\varepsilon C_b F\left[\left(\frac{T_w}{100}\right)^4-\left(\frac{T_f}{100}\right)^4\right]$	W				
实验管对流换热量 $Q_c=Q-Q_R$	W				
平均对流换热系数 $\alpha=\dfrac{Q_c}{(t_w-t_f)F}$	$W/(m^2 \cdot ℃)$				
努谢尔准则 $Nu=\dfrac{\alpha d}{\lambda}$					
格拉晓夫准则 $Gr=\dfrac{g\beta\Delta t d^3}{\nu^2}$					
$\lg Nu$					
$\lg(GrPr)$					

　　（3）根据实验确定的 4 组 Nu 数和 $GrPr$ 数，将实验点标绘在以 Nu 为纵坐标、$GrPr$ 为横坐标的双对数坐标图上。

　　（4）在坐标图上任选两点代入式（3-22）中求出 C、n，确定出准则方程式。

　　（5）分析实验中可能存在的误差及对实验结果的影响。

单元四　建筑环境测试技术

实验一　风管内风量测定实验

方法一　流量喷嘴法

一、实验目的

（1）了解流量测量装置，学会采用椭圆形喷嘴测量流量。
（2）学会使用斜管微压计。

二、实验装置

实验所用装置为空气流量测量装置，如图 4-1 所示。

该装置分为风量测量段、风机段和标准实验管段三部分。该实验是测量风量段的风量。

（1）测量段。测量段为接收室、流量喷嘴、排放室。为了使测量段内气流均匀，流量喷嘴前后加装了孔径 $\phi25$、穿孔率为 39.8% 的均流板。喷嘴尺寸：$\phi150$，3 个；$\phi100$，2 个；$\phi70$，1 个，共 6 个。

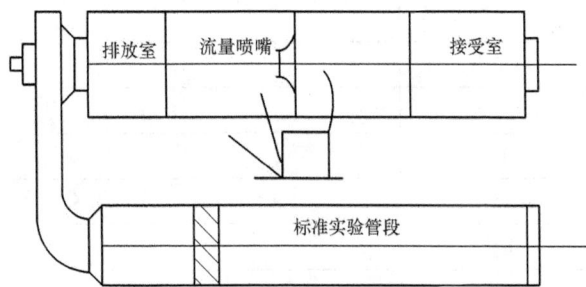
图 4-1　空气流量测量装置

该次实验开三个孔，孔径分别为 $\phi150$、$\phi100$、$\phi70$。

测量室断面为 1230mm×1230mm。

（2）风机段。风机是型号为 4-72 NO-5A 的离心式风机，最大风量为 12 720m³/h（为目前国内最大），采用最先进的变频调速器 SVF113-80A，对风机风量实行无级调速。

（3）标准实验管段。采用管径 $\phi600$ 的镀锌铁管，加装整流装置，以保证气流均匀。整个装置经过打压实验，漏风率不足 1%，保证测试的准确性。

三、实验原理

系统风量
$$Q_n = C_n A_n \sqrt{\frac{2}{\rho}\Delta p} \qquad (4-1)$$

$$\Delta p = \rho_j g L \sin\alpha \times 10^{-3} \qquad (4-2)$$

式中　C_n——椭圆形喷嘴流量系数，$C_n = 0.98$；

A_n——喷嘴喉部流通面积，m²；

Δp——喷嘴两端压差，Pa；

ρ——空气密度，kg/m³；

ρ_j——酒精密度，kg/m³；

L——斜管压力计读数，mm。

四、实验步骤

（1）调整斜管式压力计（调水平、调零点），用橡胶管将喷嘴前后静压环接口与已调整好的斜管压力计相连接。

（2）合上实验装置电源。

（3）慢慢调整变频调速器旋钮，使频率值大于 30Hz（30～45Hz），记下斜管式压力计读数。

（4）反复调节变频调速器频率（一般 5 次），并记录斜管式压力计读数。

（5）关闭实验装置电源。

五、实验数据处理

（1）实验所测数据记录在表 4-1 中。

表 4-1　　　　　　　　　　　　实 验 数 据 记 录 表

$t_n =$　　　　　　　　　　　　　　$\rho_n =$

项目　　　编号	频率 f (Hz)	L (mm)	Δp (Pa)	Q_n (m³/h)
1				
2				
3				
4				
5				
6				

（2）要求在 f-Q_n 图上绘制变频器读数 f 与相对应的风量 Q_n 之间的关系曲线。

方 法 二　毕 托 管 法

一、实验目的

（1）了解流量测量装置，学会测量断面的选择及测点布置。

（2）学会使用毕托管和斜管微压计。

二、实验方法

1. 测量断面的确定和测点的选择

（1）测量断面的确定。通风管道内的风速及风量的测定，大多通过测量压力后换算得到。要测得管道内气体的真实压力，除了正确选择和使用测压仪器外，还必须合理地选择测量断面。测量断面应选择在气流平稳、扰动小的直管段上。当设在弯头、三通等局部构件或净化设备前面（按气流运动方向）时，测量断面与它们的距离要大于 3 倍的管道直径；而设在这些部件或设备的后面时，则应大于 6 倍的管道直径（如图 4-2 所示）。离这些部件或设备的距离越远，气流越平稳，测量结果就越准确。有时现场测定时往往很难满足这样的要求，这时只能根据上述原则选择适当的测量断面，同时适当增加断面的测点数。但是，距局部构件或设备的最小距离至少不小于管道直径的 1.5 倍。

在实际测定中，有时会发现在气流不稳定断面上的动压读数为零，甚至是负值，这说明气流很不稳定，有涡流。这样的断面不宜作为测量断面。此外，如果气流方向偏出风管中心线 15° 以上，则这样的断面也不宜作测量断面。必须指出，应从操作方便和安全的角度考虑测量断面的选择。

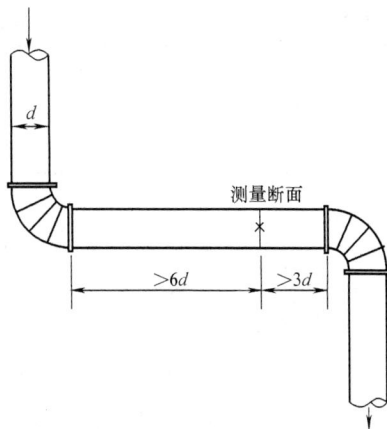

图 4-2 测量断面的确定

（2）测点的选择。由于气流速度在管道断面上的分布是不均匀的，随之造成压力分布也是不均匀的。因此，在测量断面上必须进行多点测量，然后求出断面上压力和速度的平均值。

1）矩形风管。将管道断面划分为若干等面积的小矩形，测点布置在每个小矩形的中心，小矩形每边的长度为 200mm 左右，如图 4-3 所示。实测时，测点数可按表 4-2 确定。

表 4-2　　　　　　　　　　　矩形管道测量断面的测点数

管道断面积（m²）	<1	1~4	4~9	9~16	16~20
测点数	4	9	12	16	20

2）圆形管道。在同一个测量断面上布置两个彼此垂直的测孔，并将管道断面分成一定数量、面积相等的同心环，同心环的环数按表 4-3 确定，烟道的分环数见表 4-4。

图 4-4 是划分为三个同心环的风管上的测点布置图，其他同心环的测点布置可参照此图。

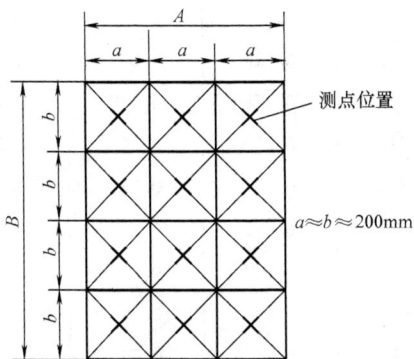

图 4-3　矩形风管测点布置图

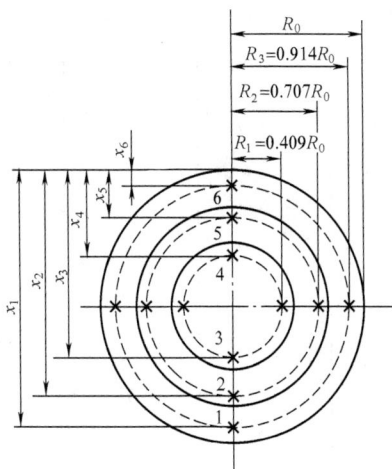

图 4-4　圆形风管测点布置图

表 4-3 圆形管道测量断面的分环数

管道直径（mm）	≤300	300~500	500~800	850~1000	>1150
分环数	2	3	4	5	6
测点数	8	12	16	20	24

表 4-4 烟道测量断面的分环数

烟囱直径（m）	<0.5	0.5~1	1~2	2~3	3~5
分环数	1	2	3	4	5
测点数	4	8	12	16	20

同心环上各测点与圆心的距离可按式（4-3）确定，即

$$R_i = R_0\sqrt{\frac{2i-1}{2n}} \tag{4-3}$$

式中 R_0——风管的半径，mm；

R_i——风管中心到第 i 点的距离，mm；

i——从风管中心算起的同心环顺序号；

n——测量断面上划分的同心环数。

例 4-1 已知圆形风管的直径 $D=200$mm，试确定测量断面上各测点的位置。

解 根据表 4-3，划分两个同心环（如图 4-4 所示），则

$$R_1 = R_0\sqrt{\frac{2i-1}{2n}} = 100\sqrt{\frac{2\times 1-1}{2\times 2}} = 50 \text{（mm）}$$

$$R_2 = R_0\sqrt{\frac{2i-1}{2n}} = 100\sqrt{\frac{2\times 2-1}{2\times 2}} = 87 \text{（mm）}$$

为了简化现场测定时的计算工作量，表 4-5 列出了用管径分数表示的各测点至管道内壁的距离。

表 4-5 圆风管测点与管壁距离系数（以管径为基准）

测点序号	圆 环 数						
	2	3	4	5	6	7	8
1	0.067	0.044	0.032	0.025	0.021	0.018	0.016
2	0.250	0147	0.105	0.081	0.067	0.057	0.050
3	0.750	0.296	0.194	0.147	0.118	0.099	0.086
4	0.933	0.704	0.323	0.226	0.178	0.147	0.125
5		0.853	0.677	0.342	0.250	0.201	0.170
6		0.956	0.806	0.658	0.356	0.269	0.221
7			0.895	0.774	0.645	0.987	0.284
8			0.968	0.853	0.750	0.600	0.375
9				0.919	0.822	0.731	0.625
10				0.975	0.882	0.799	0.717
11					0.933	0.853	0.780

测点序号	圆 环 数						
	2	3	4	5	6	7	8
12					0.979	0.901	0.831
13						0.943	0.875
14						0.982	0.915
15							0.951
16							0.984

对于例题 4-1 中所述的风管，各测点至管壁内壁的距离，可以查表 4-5 得到，即

点 1：$x_1 = 0.933D = 0.933 \times 200 = 187$ （mm）

点 2：$x_2 = 0.75D = 0.75 \times 200 = 150$ （mm）

点 3：$x_3 = 0.25D = 0.25 \times 200 = 50$ （mm）

点 4：$x_4 = 0.067D = 0.067 \times 200 = 13$ （mm）

测点数越多，得到的测量精度越高，但是增加了测定工作量。为了减少测定工作量，在保证测定精度的前提下，应当减少测点数。

2. 管内压力的测量

通风管道内气体的压力（静压、动压和全压）可用测压管与微压计配合测得，根据测定要求，可以采用倾斜式微压计或补偿式微压计。

测压管与微压计的连接方式，根据测量断面是在风机的吸入侧还是压出侧确定（如图 4-5 所示）。测定时，测压管的头部应迎向气流，保持轴线与气流平行。

在通风系统的压力测定中，一般采用倾斜式微压计，在靠近通风机的断面上，当压力值超过其量程时，采用 U 形压力计；用测压管、微压计测量风速时，气流速度不能小于 5m/s，流速过小，误差较大。如必须在小于 5m/s 的流速点测定，则使用精度较高的补偿式微压计。

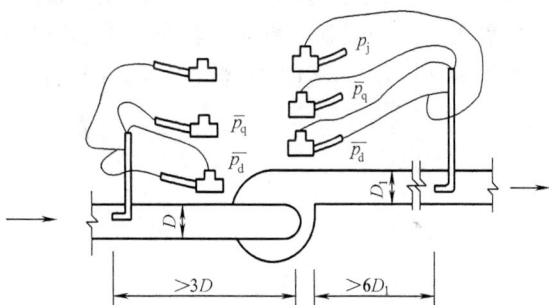

图 4-5 测压管与微压计的连接方式

在按上述取点方法测得管道断面上各点的压力值后，再按照式（4-4）～式（4-6）确定该断面上的压力平均值，即

平均动压
$$p_d = \frac{p_{d1} + p_{d2} + \cdots + p_{dn}}{n} = \frac{\sum_{i=1}^{n} p_{di}}{n} \text{ （Pa）} \tag{4-4}$$

平均静压
$$p_j = \frac{p_{j1} + p_{j2} + \cdots + p_{jn}}{n} = \frac{\sum_{i=1}^{n} p_{ji}}{n} \text{ （Pa）} \tag{4-5}$$

平均全压
$$p_q = \frac{p_{q1} + p_{q2} + \cdots + p_{qn}}{n} = \frac{\sum_{i=1}^{n} p_{qi}}{n} \text{ （Pa）} \tag{4-6}$$

式中　p_{di}——各测点的动压值，Pa；

　　　p_{ji}——各测点的静压值，Pa；

　　　p_{qi}——各测点的全压值，Pa。

由于全压等于动压与静压的代数和，因此测定压力时可以只测其中两个压力值，通过计算求得第三个值。

风管内的静压值在管道断面上分布比较均匀，除用毕托管测定管内静压外，还可直接在管壁上开凿小孔测得。只要不产生堵塞，静压孔的直径应尽可能小，一般不宜超过 2mm。钻孔严格与通风管壁垂直，圆孔周围的管壁上不应有毛刺。

3. 管内流速的计算

通风气流可认为是未压缩的。由流体力学知识可知，未压缩流体在流管任意一个截面上的静压 p_j、动压 p_d 和全压 p_q 有如下关系

$$p_d = p_q - p_j \tag{4-7}$$

而

$$p_d = \frac{\rho v^2}{2} \quad (\text{Pa}) \tag{4-8}$$

式中　v——气流速度，m/s；

　　　ρ——气体密度，kg/m³。

由式（4-8）可以算得气流速度为

$$v = \sqrt{\frac{2p_d}{\rho}} \tag{4-9}$$

对于一般的测量，用式（4-9）计算得到的流速已足够准确。对于要求特殊的测量，由于毕托静压管结构因素等影响，其所感受的动压与测点实际动压存在差异，因此，必须引入对所测得的动压进行修正的系数 α（可查产品标定曲线），即

$$\alpha p_d = \frac{\rho v^2}{2}$$

由此可得

$$v = \sqrt{\frac{2\alpha p_d}{\rho}} \tag{4-10}$$

应当指出，α 可以小于 1，也可以大于 1。

管道内的气流平均速度 v_p 是管道断面上各测点流速的平均值，即

$$v_p = \frac{v_1 + v_2 + \cdots + v_n}{n} = \frac{\sum_{i=1}^{n} v_i}{n} \quad (\text{m/s}) \tag{4-11}$$

式（4-11）也可以表示为

$$v_p = \sqrt{\frac{2}{\rho}} \left(\frac{\sqrt{p_{d1}} + \sqrt{p_{d2}} + \cdots + \sqrt{p_{dn}}}{n} \right) \quad (\text{m/s}) \tag{4-12}$$

式中　v_i——各测点的流速，m/s；

　　　n——测点数。

4. 管内流量的计算

在确定平均流速后，可按式（4-13）计算管内流量 L，即

$$L = v_p F \quad (\text{m}^3/\text{s}) \tag{4-13}$$

式中 F——管道断面面积，m^2。

管道内气体的流速和流量与大气压力、管内的气流温度有关，在给出流速、流量的同时，还应给出气流温度和大气压力。

实验时，采用集气口流量计测定风管流量。

图 4-6 所示的集气口流量计是从大气采集气体并设于风管断面上的流量测量装置。与毕托管测速原理不同，集气口流量计是根据静压降数值与流量成正比的原理测量流量和速度的。

当空气从大气进入风管时，先通过具有渐缩形状的集气口，气流速度逐渐增加，静压 p_j 则逐渐降低。断面 $0-0$ 和 $1-2$ 之间的能量方程为

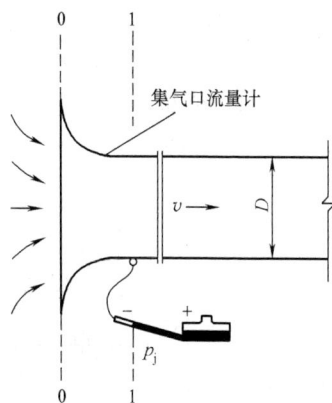

图 4-6 集气口流量计

$$0 = p_j + \frac{\rho v^2}{2} + \zeta \frac{\rho v^2}{2} \quad (\text{Pa}) \tag{4-14}$$

因此

$$p_j + (1 + \zeta) \frac{\rho v^2}{2} = 0$$

$$1 + \zeta = \frac{-p_j}{\frac{\rho v^2}{2}} = \frac{-p_j}{p_d}$$

令

$$\mu = \frac{1}{\sqrt{1 + \zeta}} \tag{4-15}$$

则

$$\mu = \frac{\sqrt{p_d}}{\sqrt{|p_j|}} \tag{4-16}$$

由式（4-14）和式（4-15）得

$$v = \mu \sqrt{\frac{2|p_j|}{\rho}} \quad (\text{m/s}) \tag{4-17}$$

流量方程为

$$L = \mu \frac{\pi D^2}{4} \sqrt{\frac{2|p_j|}{\rho}} \quad (\text{m}^3/\text{s}) \tag{4-18}$$

式中 p_j——连接管上断面 $1-1$ 静压值，Pa；

$\quad p_d$——连接管上断面 $1-1$ 动压值，Pa；

$\quad v$——断面 $1-1$ 上的气流速度，m/s；

$\quad \rho$——空气密度，kg/m^3；

$\quad \zeta$——集气口局部阻力系数；

$\quad \mu$——集气口流量系数。

由式（4-17）可知，用测定静压的方法可以测得风管的风量；集气口的进风量与其静压值 p_j 的平方根成正比。

由式 (4-16) 可知，流量系数 μ 可由动压 p_d 与静压 p_j 数值之比确定。

如果局部阻力系数 ζ 已知，可以按式 (4-15) 确定流量系数。

流量系数 μ 随集气口的构造而异，还与以集气口喉部内径为定性尺寸的雷诺数 Re 有关。

图 4-7 所示的圆弧形集气口，适用于集气口喉部气流雷诺数 $Re \geqslant 5.5 \times 10^4$ 及流量系数 $\mu = 0.99$ 时的流量测量。图 4-8 所示的圆锥形集气口，在喉部雷诺数 $Re = 2 \times 10^4 \sim 3 \times 10^5$ 时，$\mu = 1 - 0.5Re^{-0.2}$；$Re \geqslant 3 \times 10^5$ 时，$\mu = 0.96$。

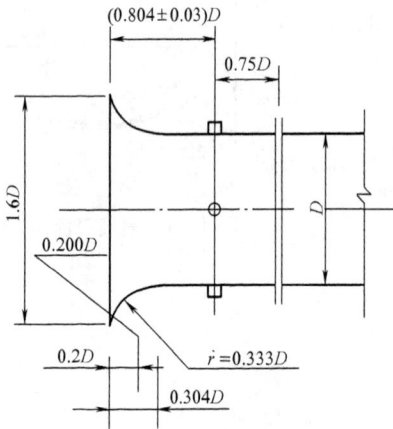

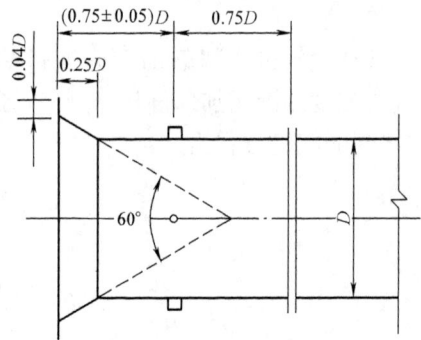

图 4-7 圆弧形集气口   图 4-8 圆锥形集气口

例 4-2 集气口连接管直径 $d = 200\text{mm}$，测得的静压平均值为 $p_j = -50\text{Pa}$，在此连接管稳定气流的断面（断面直径为 200mm）用标准毕托管测得的动压值为 49Pa，测定时空气温度 $t = 20\text{℃}$。试确定此集气口流量系数 μ 及管内流量。

解 根据式 (4-16)，流量系数为

$$\mu = \sqrt{\frac{p_d}{|p_j|}} = \sqrt{\frac{49}{50}} = 0.99$$

由 $t = 20\text{℃}$，得空气密度 $\rho = 1.2\text{kg/m}^3$。

管内流量为

$$L = \mu F \sqrt{\frac{2|p_j|}{\rho}} = 0.99 \times \frac{\pi \times 0.2^2}{4} \sqrt{\frac{2 \times 50}{1.2}} = 0.284\text{m}^3/\text{s} = 1022\text{m}^3/\text{h}$$

或

$$L = F \sqrt{\frac{2p_d}{\rho}} = \frac{\pi \times 0.2^2}{4} \sqrt{\frac{2 \times 49}{1.2}} = 0.284\text{m}^3/\text{s} = 1022\text{m}^3/\text{h}$$

实验二 热电偶校验实验

一、实验目的

(1) 学习校验热电偶的方法。

(2) 正确掌握检测热电偶外观的方法。

(3) 学会常用热电偶分度表的使用方法。

二、实验装置

实验装置如图4-9所示，由电阻炉、温度指示调节仪、调压变压器、UJ33D-1型数字电位差计、镍铬—镍硅标准热电偶等组成。

三、热电偶校验

（1）热电偶校验前必须进行外观检查，检查焊接点是否光滑、牢固，热电极是否变脆、变色、发黑、严重腐蚀等。

（2）热电偶校验采用比较法，可按表4-6中所列温度进行校验。该实验的被校热电偶为铜—康铜热电偶。用被校热电偶在0～300℃温度区间内与镍铬—镍硅标准热电偶相比较，用电位差计测出热电偶的热电动势，从而计算所得误差。

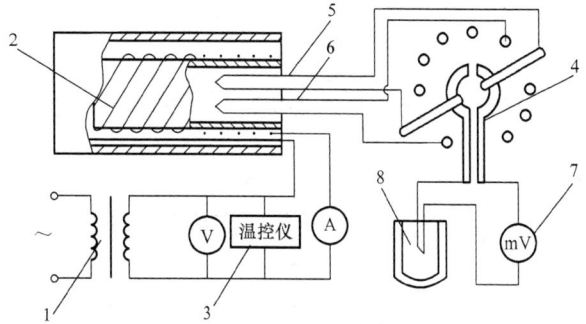

图4-9　实验装置

1—调压变压器；2—电阻炉；3—温度指示调节仪；4—切换开关；
5—镍铬—镍硅标准热电偶；6—被校热电偶；
7—电位差计；8—冰槽

表4-6　　　　常用热电偶校验点温度

热电偶	校验点温度（℃）
铂铑10—铂	400、600、800、1000、1200
镍铬—镍硅	200、400、600、800、1000
铜—康铜	100、200、300、400

（3）校验时将热电偶的热端插入电阻炉内150～300mm，该范围内的温度较均匀。一般读数时，要求温度稳定（温度变化小于0.2℃/min），电位差计为0.05级以上，将标准热电偶与被校热电偶的热端用金属丝绑扎在一起（也可不绑扎）；插孔用绝热材料（石棉布）堵严保温（使用小孔时可不堵）。各热电偶的冷端置于冰槽中以保持0℃。

（4）按电位差计使用说明将各导线接入系统后，进行"零点"调整和"量程"调整。调毕，将开关打到"测量"挡。

（5）依次改变管式电阻炉的温度设定值，记录热电偶输出毫伏电动势，比较两个热电偶确定误差，要求各校验点的温度误差都不得超过表4-7中所规定的允许值。

表4-7　　　　　　工业用热电偶的允许误差范围

热电偶	允许误差			
	温度（℃）	误差（℃）	温度（℃）	误差（℃）
铂铑10—铂	0～800	±2.4	＞800	±0.4
镍铬—镍硅	0～600	±4	＞600	±0.75
铜—康铜	0～300	±4	＞300	±1.0

四、注意事项

（1）1～4测点为同一个冷端。镍铬—镍硅为标准热电偶，冷热端各1支。

（2）待测热电偶铜—康铜3支，其中1支接冷端。

（3）待测镍铬—镍硅标准热电偶1支（ϕ5），不设冷端。

五、实验数据处理

列表给出热电偶的标定结果（见表4-8），并绘制曲线。

表4-8　　　　　　　　　　　　热电偶的标定结果表

序号 ＼ 项目	标准热电偶电动势	被校热电偶电动势	标准热电偶温度	被校热电偶温度	标定误差
1					
2					
3					
...					

实验三　热工仪表操作实验

一、实验目的

该实验的目的是掌握热工测量中常用的各种仪器仪表的使用方法。

二、实验内容与方法

1. 温度及温度场的测定

用于测量温度的仪表有玻璃液体温度计、手持温湿度计、热电偶温度计、表面温度计、红外测温仪、温湿度巡检仪、温度热流巡检仪以及多功能测试仪、数字 HVAC 测试仪等。

室内空气温度通常在离地面 1.5m 的高度上、在房间的中间位置处进行测定，并将温度读数记录下来。

使用玻璃液体温度计测温时，应注意下列几点：

（1）读数时应用手持温度计的上端，使眼睛、刻度线和液面处在同一水平位置。人体稍许离开温度计，不得用手接触温度计的温包，也不要对着温包呼吸。

（2）温度计放在测定地点，需液柱处于稳定后方能进行读数，先读小数，后读整数。

2. 空气相对湿度的测定

用于测量湿度的仪器有双针湿度计（毛发式测湿度计）、手持式数字湿度计、数字 HVAC 测试仪等。

使用双针湿度计测湿度时，应注意不能用手接触其侧面及对着仪器呼气；避免剧烈振动将毛发振断。

3. 空气流速及流量的测定

常见的测量空气流速的仪表有叶轮风速仪、热球风速仪、多功能测试仪等；流量测量仪表有转子流量计、涡轮流量计、数字 HVAC 测试仪、超声波流量计等。

叶轮风速仪是由翼轮和记数机构组成的，当把风速仪放在气流中（翼轮旋转面与气流垂直），气流压力作用于翼片上使翼轮转动，通过记数机构记录出气流速度。

热球风速仪由热球式测头和测量仪表两部分组成，测杆头部有一玻璃球，球内绕有加热玻璃用的镍铬丝和两个串联的热电偶，热电偶的冷端连接在磷铜质的支柱上，直接暴露在气流中。当一定大小的电流通过加热线圈后，玻璃球的温度升高，升高的程度和气流的速度有关，流速小的升高的程度大，反之升高的程度小。流速升高的大小通过热电偶产生的热电动势在表头上指示出来，因此校正后即可用表头读数表示气流速度。热球风速仪的优点是使用方便、反应快，对微小风速灵敏度高。

转子流量计具有结构简单、使用方便、价格便宜、量程比大、刻度均匀等特点。

涡轮流量计是一种速度式流量计，具有精度高、压力损失小、量程比大等优点。

数字 HVAC 测试仪是瑞典公司新开发的仪器，计算和存储功能强，将探头按要求置入管道中特定位置，向仪器中输入特定尺寸，即能显示准确的流量，在空调系统送风及回风等小风量测定中有独到之处。

超声波流量计是国内较为先进的测流量仪器，它运用超声波速度差法等原理，对生活用水、污水、海水及其他能透过超声波的浊度在 10 000mg/L 以下的流体进行流量测量。超声波流量计的检测装置设在管道的外面，因此对流体的流动无任何影响，使用极为方便。

4. 气体成分的测定

随着人们生活水平的提高，对室内空气质量的要求越来越高，因此对空气中 CO、CO_2、甲醛等各种有害气体进行精确测量就显得十分重要。测定气体成分的仪器有多功能测试仪、便携式 CO_2 测试仪、燃烧效率测试仪等。

三、实验数据记录

1. 温度

温度实验数据记录表见表 4-9。

表 4-9　　　　　　　　　　温度实验数据记录表

仪器＼次数	1	2	3
玻璃液体温度计			
双针湿度计			
红外测温仪			
手持温湿度计			
温湿度巡检仪			
数字 HVAC 测试仪			

2. 空气流速

空气流速实验数据记录表见表 4-10。

表 4-10　　　　　　　　　　空气流速实验数据记录表

仪器＼次数	1	2	3
风速仪			
数字 HVAC 测试仪			

3. 空气相对湿度

空气相对湿度实验数据记录表见表 4-11。

表 4-11　　　　　　　　　空气相对湿度实验数据记录表

仪器　　　次数	1	2	3
双针湿度计			
手持温湿度计			
温湿度巡检仪			
数字 HVAC 测试仪			

4. CO_2 浓度

CO_2 浓度实验数据记录表见表 4-12。

表 4-12　　　　　　　　　CO_2 浓度实验数据记录表

仪器　　　次数	1	2	3
便携式 CO_2 测试仪			

实验四　压力计校正实验

一、实验目的

在各种场合广泛使用的压力计，为保证其使用的安全性及可靠性，应定期进行校验。通过该实验，可以掌握压力计的校正方法。

二、实验装置及原理

实验所用装置为活塞式压力计，如图 4-10 所示，它主要由压力台、弹簧式标准压力计、弹簧式被校压力计等组成。实验中由压力台送来的压力油分别进入两个压力计，观察并记录两个压力计上的读数，然后轻敲被校压力计的表壳再读数。用同样的方法增压至每一校验点进行校验，然后单方向缓慢降压至每一校验点进行校验。压力计所加压力通过压力台上的活塞螺杆进行进、退调节。

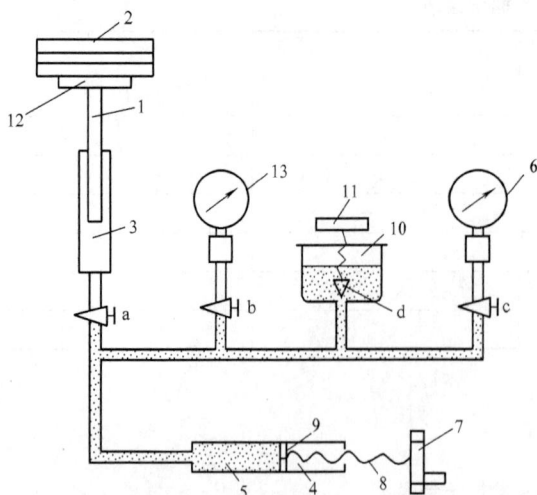

图 4-10　活塞式压力计示意图

1—测量活塞；2—砝码；3—活塞柱；4—手摇泵；5—工作液；
6—弹簧式被校压力计；7—手轮；8—丝杆；9—手摇泵活塞；
10—油杯；11—进油阀手轮；12—托盘；13—弹簧式标准
压力计；a、b、c—切断阀；d—进油阀

三、实验步骤

1. 加压前的准备

（1）关闭压力计上的两个阀门，开启

压力台上油杯的进油阀。

（2）摇退压力台上的活塞螺杆，使压力台油缸中充进油。

（3）关闭油杯的进油阀，然后开启压力计上的阀门。

（4）摇进活塞螺杆，直至压力计上有压力读数为止。

2. 校验

（1）对于标准压力计量程为 60MPa 的压力台，选取 1～10MPa 间隔 1MPa 作为校验点；对于标准压力计量程为 6MPa 的压力台，选取 0.2～2MPa 间隔 0.2MPa 作为校验点，增压至校验点后读数，轻敲表壳后再读数。

（2）增压至规定数值后再缓慢降压至每一校验点进行校验。

（3）校验结束后，关闭压力计上的两个阀门，开启压力台油杯的进油阀，摇进压力台上的活塞螺杆，使压力台的油再充回油缸中，最后关闭油杯的进油阀。

四、实验数据记录

实验所测数据记录在表 4－13 中。

表 4－13　　　　　　　　　　　实 验 数 据 记 录 表

序号	标准压力计（增压）	被校压力计		标准压力计（降压）	被校压力计	
		正常	轻敲		正常	轻敲
1						
2						
3						
4						
5						
6						
7						
8						
9						
10						

五、绘制校正曲线

根据实验数据将校正曲线绘制在图 4－11 上。

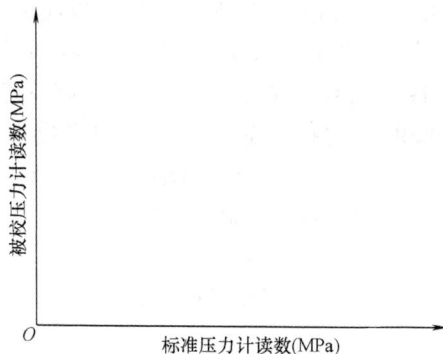

图 4－11　校正曲线

单元五　流体输配管网

实验　供热管网调节实验

一、实验目的

（1）通过感性认识，加深对热网水压图中有关静压线、动压线和定压点等基本概念的理解。

（2）通过变动水力工况实验，验证并巩固变动水力工况的基本理论。

二、实验装置

实验所用装置为供热管网调节装置，如图 5-1 所示。

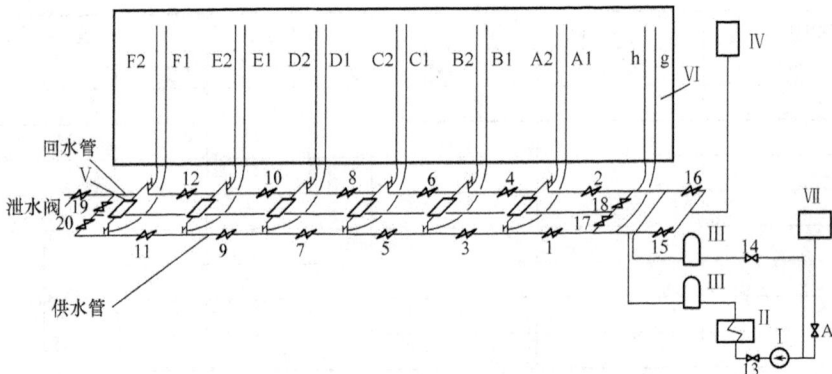

图 5-1　供热管网调节装置

Ⅰ—水泵；Ⅱ—锅炉；Ⅲ—稳压罐；Ⅳ—高位水箱；Ⅴ—转子流量计；Ⅵ—测压管；Ⅶ—补给水箱

该装置的上半部分是膨胀（高位）水箱和安装在一块垂直木板上的 14 根玻璃管。玻璃管顶端与大气相通，玻璃管下端用橡胶管依次与各测点相接，用来测量热网用户连接点处的供水管与回水管的测压管水头。每对玻璃管间装有标尺，以便读出各测点的数值。

该装置的下半部分为管网、热用户和锅炉模型，分别由管道、阀门、锅炉、稳压罐、水泵、给水箱、流量计等组成。在供水管和回水管之间有 6 个热用户，编号分别为 A、B、C、D、E、F，各用户系统的阻力损失分别由在用户进出口处设置的阀门的阻力损失表示。如图 5-1 所示，1~20 表示阀门，其中，阀门 1、3、5、7、9、11 代表供水管阻力损失，阀门 2、4、6、8、10、12 代表回水管阻力损失。

三、实验步骤

1. 正常水压图

用自来水或水泵向系统充水，排除系统中的空气，待膨胀（高位）水箱保持一定的稳定水位后则充水完毕。关闭阀门 15，打开阀门 16，开启水泵，此时定压点选在热网回水干管上。为了得到比较清晰的水压图，可调节各管段的阻力，使各接点之间有适当的压差。工况稳定后，即得到正常的动水压曲线。停止水泵，则得静水压曲线。

2. 变动热网定压点的水压图

关闭阀门 16，打开阀门 15，开启水泵，此时定压点相当于选在热网系统的供水干管上，观察各测点测压管管头高度有何变化。若回水干管上某些测点因水头太低在玻璃管里看不到，可用提高膨胀水箱高度的办法解决。停止水泵，则得静水压曲线。

3. 基本变动工况的水压图

（1）关小热网起点阀门 1 和终点阀门 2 时的水压图。调节管段阀门，得各测点的正常水压图，待稳定后记录各测点压力。然后关小起点阀门 1 及终点阀门 2（这两个阀门关小的程度大致相同），得到变工况后的水压图，待稳定后记录各测点压力。

（2）关小供水管中途阀门 7 时的水压图。把阀门 1 及阀门 2 恢复供水原状，得各测点的正常水压图，待稳定后记录各测点压力（不必要求与上次正常工况读数完全相同）。然后关小中途阀门 7，得到变工况后的水压图，待稳定后记录各测点压力。

（3）关闭热用户 C 供水阀门时的水压图。把阀门 7 恢复供水原状，得各测点的正常水压图，待稳定后记录各测点压力。然后关闭热用户 C 的供水阀门，得到变工况后的水压图，待稳定后记录各测点压力。

四、实验数据处理

（1）将实验所测数据填入表 5-1 中，计算出适当的数值填入表 5-2 中。

（2）根据记录数据，分别绘出三种基本变动水力工况的水压图，同时绘出工况变动前的各正常水压图并加以对照；分别说明工况变动后热网的流量发生了什么变化、出现了什么形式的水力失调。

表 5-1　　　　　　　　　　　　各 测 点 记 录 值

工况	水压（mmH₂O）	A1 / A2	B1 / B2	C1 / C2	D1 / D2	E1 / E2	F1 / F2
（一）	正常						
	关小热网起点阀门 1 及终点阀门 2						
（二）	正常						
	关小供水管中途阀门 7						
（三）	正常						
	关闭热用户 C 供水阀门						

表 5-2　　　　　　　　　　　计 算 数 据 表

工况 / 水压 (mmH$_2$O)		Δp_A	Δp_B	Δp_C	Δp_D	Δp_E	Δp_F
（一）	正常						
	关小热网起点阀门1及终点阀门2						
	水力失调度 x						
（二）	正常						
	关小供水管中途阀门7						
	水力失调度 x						
（三）	正常						
	关闭热用户C供水阀门						
	水力失调度 x						

注　水力失调度为

$$x = \frac{\text{变化后水量}}{\text{正常水量}} = \sqrt{\frac{\Delta p_{bh}}{\Delta p_z}} \qquad (5-1)$$

式中　Δp_{bh}——变动工况后用户进出口压差，Pa；

　　　Δp_z——正常工况用户进出口压差，Pa。

单元六 热质交换原理与设备

实验 喷淋室性能实验

一、实验目的和任务

通过实验掌握喷水室的喷水量与压力损失、温降和热交换效率之间的关系，学会流量仪表、温湿度仪表的使用方法。

通过实验了解和掌握喷淋室的基本构造，加深对热质交换原理的理解，能够正确评价喷淋室性能的优劣。

二、实验装置和仪器

（1）喷淋室热工性能实验台（如图 6-1 所示）。

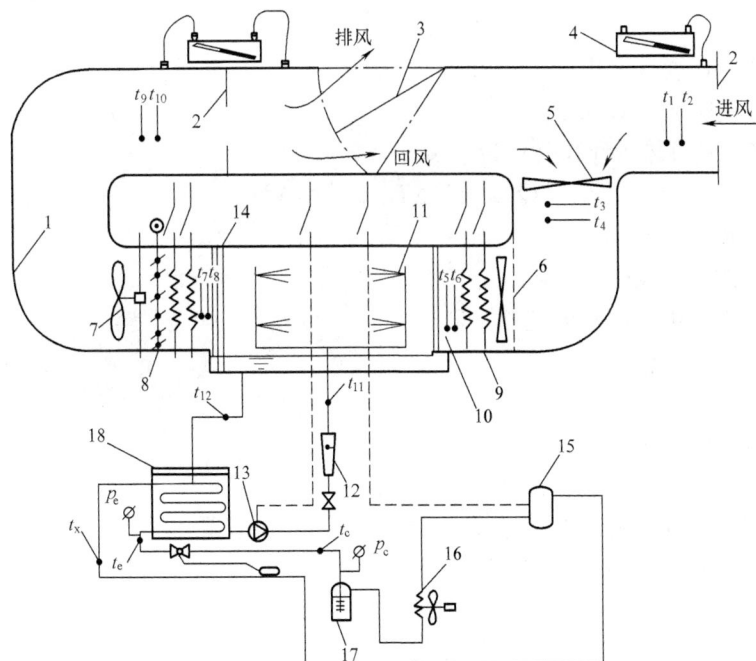

图 6-1 喷淋室热工性能实验台

$t_1 \sim t_{10}$—空气干、湿球温度；t_{11}、t_{12}—喷水室进、出口温度；

t_c、t_e、t_x—制冷剂冷凝温度、蒸发温度和吸气温度

1—风道；2—测空气量孔板；3—调节风门；4—倾斜式微压计；5—空气混合器；

6—整流孔板；7—风机；8—风量控制盘；9—电加热器；10—测温热电偶；

11—喷水喷嘴；12—转子流量计；13—冷却水泵；14—挡水板；

15—制冷压缩机；16—风冷冷凝器；17—立式储液筒；

18—水箱式蒸发器

（2）液体流量计。

（3）温度计、湿度计。

三、实验内容及步骤

1. 使用操作步骤

（1）实验操作之前，调整微压计为水平状态。湿球温度计下的水杯内加入蒸馏水。蒸发器水箱加水至满。

（2）合上电气总开关，接通电源，此时风机运转，调节风机风量调节阀控制所需风量。

（3）启动制冷压缩机及冷却水泵，待系统稳定后进行实验测量。

对空气进行绝热加湿冷却处理时，只需启动水泵。如对空气进行冷却除湿处理，则应先启动制冷压缩机，待冷冻水降至所需温度后，再启动水泵。

（4）测定结束后，先关闭制冷压缩机及水泵，调节风门为最大排风量。运行 2min 左右再关闭电气总开关，切断电源。

2. 有关计算说明

（1）空气流量（孔板）计算公式为

进风量 $\qquad G_A = 0.018\sqrt{\Delta l \rho}$ （kg/s）

总风量 $\qquad G_A = 0.020\sqrt{\Delta l \rho}$ （kg/s）

式中 Δl——微压计读数变化值，mm；

ρ——空气密度，kg/m^3。

（2）喷水室水侧换热量计算公式为

$$Q_w = G_w \Delta T_w c_{pw} \quad (kW)$$

式中 G_w——水流量，kg/s；

c_{pw}——水的比定压热容，kJ/(kg·℃)；

ΔT_w——喷水室进、回水温度差，℃。

（3）水室空气侧换热量计算公式为

$$Q_A = G_A \Delta T_A c_{pA} \quad (kW)$$

式中 G_A——空气流量，kg/s；

c_{pA}——空气的比定压热容，kJ/(kg·℃)；

ΔT_A——喷水室进、出口空气温度差，℃。

（4）喷淋室的热交换效率计算公式为

$$\eta = Q_A / Q_w 100\%$$

单元七 自动控制原理

实验一 不同对象的阶跃响应分析实验

一、实验目的

了解不同对象的特性，学会采用 MATLAB 语言建立被控对象的数学模型，仿真不同对象的特性曲线，并对特性曲线进行分析。

二、实验内容

1. 单容对象 $G(s) = \dfrac{1}{2s+1}$

M 文件编程：

```
G=tf([1],[2,1])
t=0:0.1:10
y=step(G,t)
plot(t,y)
```

函数 step（ ）用于求取线性系统的阶跃响应；

函数 plot（ ）用于画对象的响应曲线。

单容对象的阶跃响应仿真曲线如图 7-1 所示。

2. 积分对象 $G(s) = \dfrac{1}{2s}$

M 文件编程：

```
G=tf([1],[2,0])
t=0:0.1:10
y=step(G,t)
plot(t,y)
```

积分对象的阶跃响应仿真曲线如图 7-2 所示。

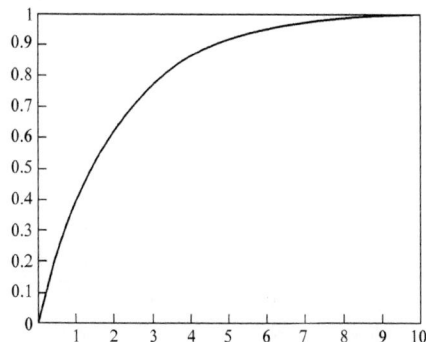

图 7-1　单容对象的阶跃响应仿真曲线

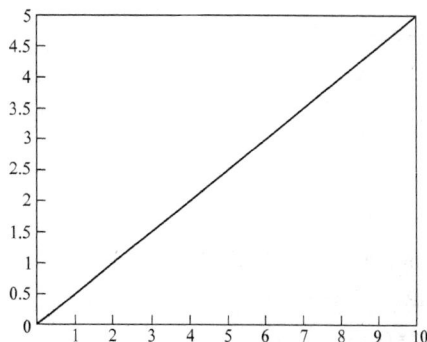

图 7-2　积分对象的阶跃响应仿真曲线

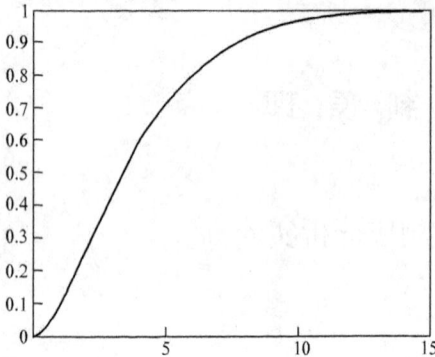

图 7 - 3   双容对象的阶跃响应仿真曲线

3. 双容对象 $G(s) = \dfrac{1}{(2s+1)(2s+1)}$

M 文件编程：

```
G=tf([1],[4,4,1])
t=0:0.1:15
y=step(G,t)
plot(t,y)
```

双容对象的阶跃响应仿真曲线如图 7 - 3 所示。

4. 含有时间延迟环节的传递函数的表示方法 $e^{-\tau s}$

时间延迟环节 $e^{-\tau s}$ 可以由有理传递函数的形式来近似，典型的 n 阶 pade 近似可以表示为

$$p_{n,\tau}(s) = \frac{1 - \tau s/2 + p_1(\tau s)^2 - p_2(\tau s)^3 + \cdots + (-1)^n p_n(\tau s)^2}{1 + \tau s/2 + p_1(\tau s)^2 + p_2(\tau s)^3 + \cdots + p_n(\tau s)^n}$$

其中，p_1，p_2，$\cdots$，p_n 为 pade 近似系数。

控制工具箱内的 pade（ ）函数调用格式为

$$[np, dp] = \text{pade}(T_{au}, n)$$

其中，T_{au} 为延迟常数 τ，n 为 pade 近似阶次，pade 有理近似的 $p_{n,\tau}(s)$ 的分子和分母在 $[np, dp]$ 中返回。

例如：
$$G(s) = \frac{e^{-s}}{2s+1}$$

方法 1：

```
G=tf([1],[2,1])
Tau=1
[np,dp]=pade(Tau,10)
GP=tf(np,dp)
GC=G*GP
t=0:0.1:20
y=step(GC,t)
plot(t,y)
```

方法 2：

```
G=tf([1],[2,1])
Tau=1
[np,dp]=pade(Tau,4)
GP=tf(np,dp)
GC=G*GP
t=0:0.1:20
```

```
y=step(GC,t)
plot(t,y)
```

方法 3：

```
G=tf([1],[2,1])
t=0:0.1:20
set(G,'Td',1)
y=step(G,t)
plot(t,y)
```

时间延迟环节的阶跃响应仿真曲线如图 7-4～图 7-6 所示。

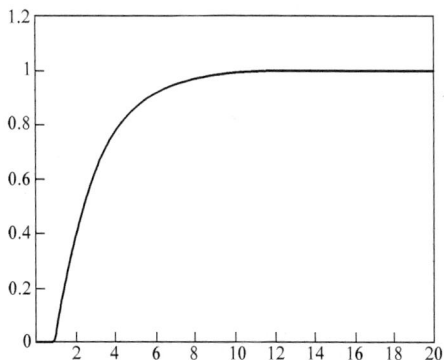

图 7-4 时间延迟环节的阶跃响应仿真曲线（方法 1）

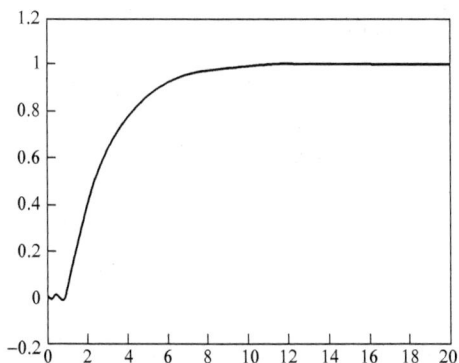

图 7-5 时间延迟环节的阶跃响应仿真曲线（方法 2）

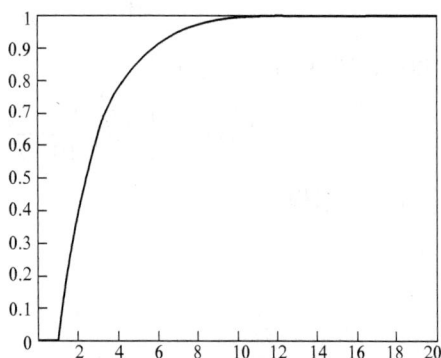

图 7-6 时间延迟环节的阶跃响应仿真曲线（方法 3）

三、已知被控对象的数学模型

① $\dfrac{1}{s+1}$；② $\dfrac{1}{(s+1)^2}$；③ $\dfrac{1}{(s+1)^3}$

（1）上机编程输出对象的单位阶跃响应曲线。

（2）对②、③阶跃响应曲线图通过切线法确定对象的容量滞后和时间常数。

实验二 PID 控制器分析实验

一、实验目的

学会采用 MATLAB 语言进行控制系统编程，通过调节器参数的整定，分析系统的控制特性，分析比例带、积分时间、微分时间对控制品质的影响。

二、实验内容

1. 比例控制

比例控制系统方框图如图 7-7 所示，其中

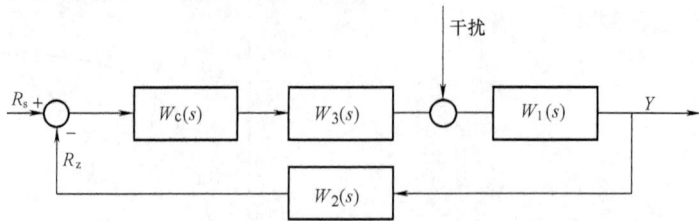

图 7-7 比例控制系统方框图

$$W_1(s) = \frac{0.4}{8s+1}, \ W_2(s) = \frac{1}{2.5s+1}, \ W_c = K_c, \ W_3(s) = 2$$

控制器采用比例控制，输入单位阶跃干扰信号，则该控制系统的传递函数为

$$W(s) = \frac{(2.5s+1) \times 0.4}{20s^2 + 10.5s + 1 + 0.8K_c}$$

分别取 K_c 等于 20、50，则

$$W(s) = \frac{(2.5s+1) \times 0.4}{20s^2 + 10.5s + 17}, \ W(s) = \frac{(2.5s+1) \times 0.4}{20s^2 + 10.5s + 41}$$

M 文件编程：

```
G=tf([1,0.4],[20,10.5,51])
t=0:0.1:40
y=8*step(G,t)
G1=tf([1,0.4],[20,10.5,17])
y1=8*step(G1,t)
plot(t,y,t,y1)
```

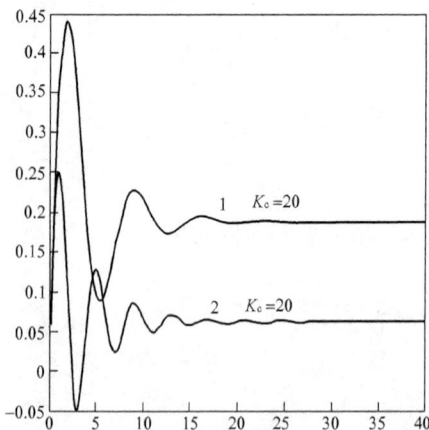

图 7-8 控制器采用比例控制时的仿真曲线

图 7-8 所示为控制器采用比例控制时的仿真曲线。

图 7-9 所示为阶跃给定作用下比例控制系统方框图，$G(s) = \frac{1}{(s+1)^3}$ 为广义被控对象的传递函数，系统采用单位负反馈。

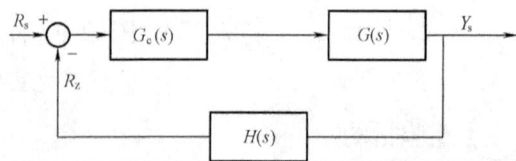

图 7-9 阶跃给定作用下比例控制系统方框图

控制器采用比例控制时，取 $K_p = 0.2, \ 0.6, \ 1.0, \ 1.4, \ 1.8, \ 2.2, \ 2.6, \ 3.0$。

M 文件编程：

```
G=tf(1,[1,3,3,1])
p=0.2:0.4:3
```

```
hold on
for i=1:length(p)
G_c=feedback(p(i)*G,1)
t=0:0.1:20
y=step(G_c,t)
plot(t,y)
end
hold off
```

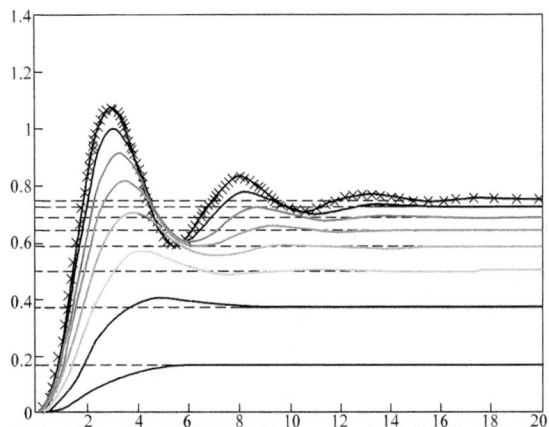

图 7-10 不同比例增益仿真曲线

图 7-10 所示为不同比例增益仿真曲线。

2. 比例积分控制

采用如图 7-9 所示的控制系统,广义被控对象的传递函数和反馈环节的传递函数保持不变,控制器采用比例积分控制,比例积分控制的传递函数为

$$G_c(s) = K_p\left(1 + \frac{1}{T_i s}\right) = \frac{K_p(T_i s + 1)}{T_i s}$$

取积分时间为 0.6∶0.2∶2.0。

M 文件编程:

```
G=tf(1,[1,3,3,1])
Ti=0.6:0.2:2.0
Kp=1
axis([0,20,0,2])
hold on
for i=1:length(Ti)
Gc=tf(Kp*[1,1/Ti(i)],[1,0])
G_c=feedback(G*Gc,1)
t=0:0.1:20
y=step(G_c,t)
plot(t,y)
end
```

图 7-11 所示为比例积分控制器积分时间取不同值时对应的仿真曲线。

3. 比例微分控制

采用如图 7-9 所示的控制系统,广义被控对象的传递函数和反馈环节的传递函数保持不变,控制器采用比例微分控制,比例微分控制的传递函数为

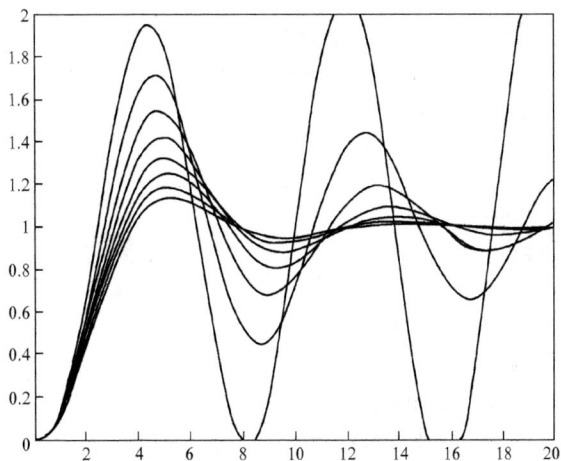

图 7-11 比例积分控制器积分时间
取不同值时对应的仿真曲线

$G_c(s) = K_p(1 + T_d s)$ 取微分时间为$0:0.4:2$。

M 文件编程：

```
G=tf(1,[1,3,3,1])
Td=0:0.4:2.0
Kp=1
axis([0,15,0,0.8])
hold on
for i=1:length(Td)
Gc=tf(kp*[Td(i),1],[1])
G_c=feedback(G*Gc,1)
t=0:0.1:20
y=step(G_c,t)
plot(t,y)
end
hold off
```

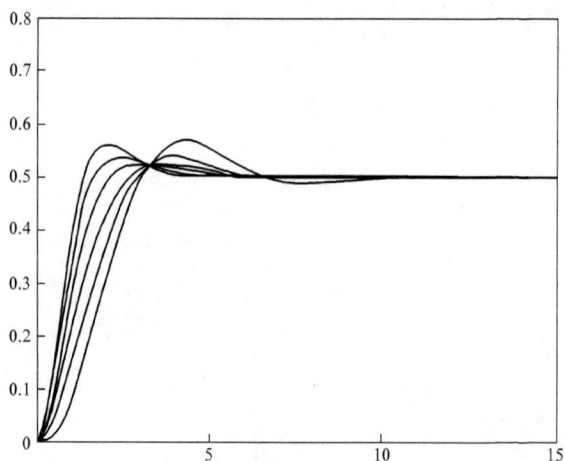

图 7-12　比例微分控制器微分时间
取不同值时对应的仿真曲线

图 7-12 所示为比例微分控制器微分时间取不同值时对应的仿真曲线。

4. 比例积分微分控制

采用如图 7-9 所示的控制系统，广义被控对象的传递函数和反馈环节的传递函数保持不变，控制器采用比例积分微分控制，比例积分微分控制的传递函数为

$$G_c(s) = K_p\left(1 + \frac{1}{T_i s} + T_d s\right)$$

$$= \frac{K_p(T_i s + 1 + T_d T_i s^2)}{T_i s}$$

取 $K_p = T_i = 1$，微分时间为$0:0.4:2.0$。

M 文件编程：

```
G=tf(1,[1,3,3,1])
Td=0:0.4:2.0
Kp=1
Ti=1
axis([0,30,0,2])
hold on
for i=1:length(Td)
Gc=tf(kp*[Td(i)*Ti,Ti,1],[Ti,0])
G_c=feedback(G*Gc,1)
t=0:0.1:30
y=step(G_c,t)
```

```
plot(t,y)
end
```

图 7-13 所示为比例积分微分控制器微分时间取不同值时对应的仿真曲线。

以下为比例、比例积分、比例积分微分 M 文件编程，其仿真曲线如图 7-14 所示。

```
G=tf(1,[1,3,3,1])
Td=1
Kp=2
Ti=2
axis([0,30,0,2])
hold on
G_c=feedback(2*G,1)
t= 0:0.1:30
y=step(G_c,t)
plot(t,y,'b')
Gc=tf(kp*[1,1/Ti],[1,0])
G_c=feedback(G*Gc,1)
t=0:0.1:30
y=step(G_c,t)
plot(t,y,'r')
Gc=tf(Kp*[Td*Ti,Ti,1],[Ti,0])
G_c=feedback(G*Gc,1)
t=0:0.1:30
y=step(G_c,t)
plot(t,y,'g')
end
hold off
```

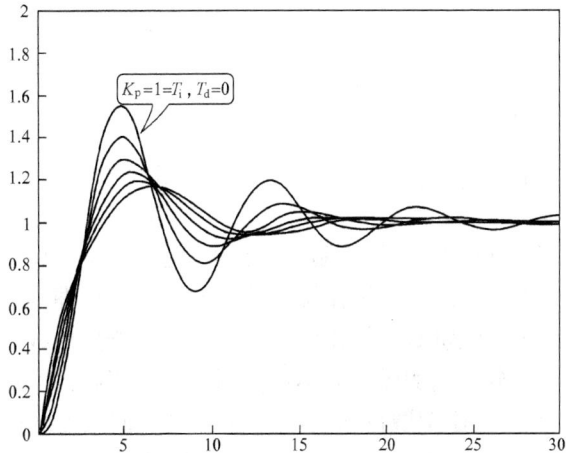

图 7-13   比例积分微分控制器微分
时间取不同值时对应的仿真曲线

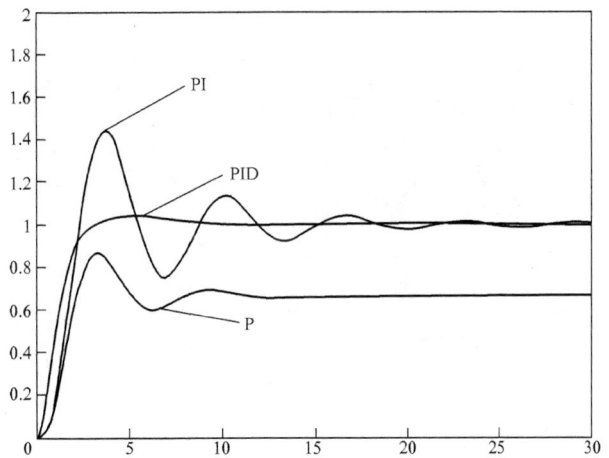

图 7-14   比例、比例积分、比例积分微分控制仿真曲线

（三）空调控制系统 PID 仿真

空调控制系统方框图如图 7-15 所示。

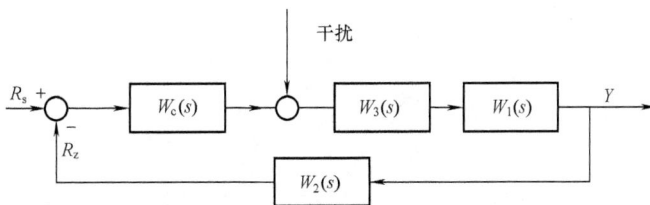

图 7-15   空调控制系统方框图

空调房间 $\qquad W_1(s) = \dfrac{0.4}{3s+1}$

表冷器 $\qquad W_3(s) = \dfrac{1}{0.5s+1}$

温度传感器 $\qquad W_2(s) = \dfrac{1}{0.5s+1}$

（1）设计一比例控制器，比例增益取 5、10、15、20，通过编程得到：

1）单位阶跃给定作用下系统的输出响应曲线；

2）单位阶跃干扰作用下系统的输出响应曲线；

3）分析比例增益大小对控制品质的影响。

（2）取比例增益 $K_c = 10$，求积分时间为 2、4、6、8，系统在单位阶跃干扰作用下的输出响应，并分析积分时间大小对控制品质的影响。

（3）取比例增益 $K_c = 10$，积分时间 $T_i = 2$，求 T_d 为 0、0.2、0.4、0.6、0.8、1 时，系统在单位阶跃干扰作用下的输出响应，并分析微分时间大小对控制品质的影响。

单元八 供热管网及换热站

实验 换热器性能测定实验

一、实验目的

(1) 了解影响换热器工作性能的因素。

(2) 确定换热器气侧换热面的传热特性，即传热因子和雷诺数的关系。

(3) 熟悉流体流速、流量、压差、温度等参数的测量技术。

(4) 熟悉用计算机进行数据采集和处理的实验方法。

二、实验装置和仪器

1. 实验台系统

实验台系统由实验台本体、冷（热）水及空调热能回收装置三大部分组成，如图 8-1 所示。

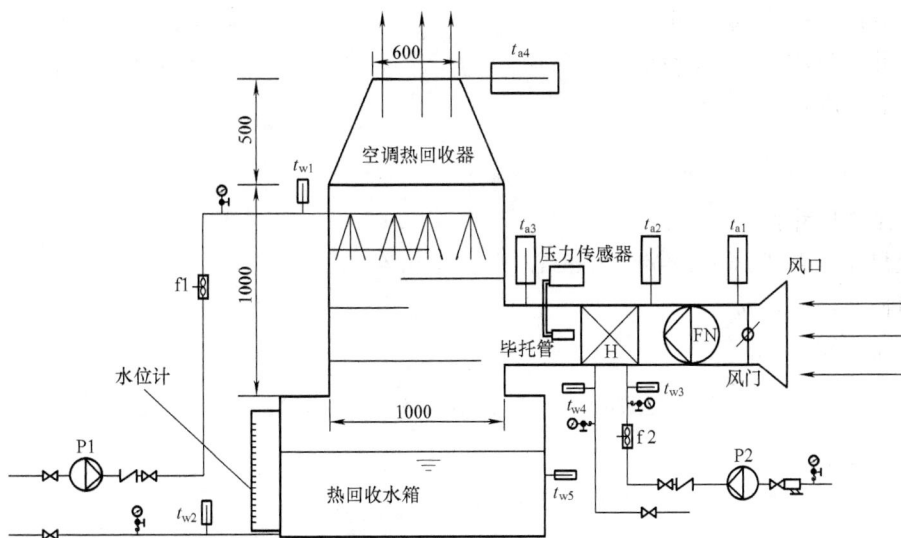

图 8-1 换热器性能实验台系统图

实验台本体结构紧凑，吸风口、风门、毕托管紧凑地组合在一起。实验用的换热器置于风源进风口之后。

冷（热）水由热泵试验机房输送。冷（热）水温度控制精度为±0.1℃。

换热器中流体流动形式可认为二次叉流，水—空气流向为逆流。需测量的参数共有 7 个：换热器进、出水温度，进、出空气温度，大气温度，水流量及空气流量。

水侧和气侧进出口温度用铜—康铜热电偶测量。水侧进出口温度测点 t_{w3}、t_{w4} 布置在换热器进出口水管内；进口空气温度测点 t_{a1} 布置在紧靠换热器的进口截面处，用热电偶进行测量；风机后温度测点 t_{a2} 及空气出口温度测点 t_{a3} 布置在换热器出口截面后的均温段出口处，用热电偶进行测量。热回收装置出口温度测点 t_{a4} 用 9 对热电偶并联测量。

换热器内水流量用涡轮流量计测量，空气流量用风机进风口内的毕托管及微差压传感器进行测量。

上述 7 个参数均由数据采集系统自动进行采集，并由计算机及时整理数据。

2. 主要设备及性能

（1）风机。风量：$800 \mathrm{m^3/h}$；风压：$580 \mathrm{Pa}$；出风口尺寸：$233 \mathrm{mm} \times 155 \mathrm{mm}$；进风口测速段直径：$\phi 138 \mathrm{mm}$。

（2）换热器。换热器为一紧凑的翅片管间壁式散热器，由铜管束套皱折的整体铝翅片构成，结构参数如下：

管束：紫铜管

管外径：$d_o = 8 \mathrm{mm}$；管内径：$d_i = 7.2 \mathrm{mm}$

管节距：横向，$s_1 = 18.5 \mathrm{mm}$；纵向，$s_2 = 28 \mathrm{mm}$

翅片：铝质、皱折、整片

翅片厚：$\delta = 0.1 \mathrm{mm}$；翅片距：$t = 1 \mathrm{mm}$；翅片数：$m = 231$

水侧结构尺寸：

横向管数：$n_1 = 8$；纵向管排数：$n_2 = 2$

总管数：$n = n_1 \times n_2 = 16$

水侧并联管数：$n_3 = n_1 = 8$

管子总长度：$l = a \times n$

通道面积：$F_w = \dfrac{\pi}{4} n^3 d_i^2$

气侧结构尺寸：

通道尺寸：$a = 233 \mathrm{mm}$, $b = 155 \mathrm{mm}$, $h = 42 \mathrm{mm}$

迎风面积：$F_a = ab$

换热总面积为

$$A_a = 2bhm - 2 \times \frac{\pi}{4} d_0^2 mn + (a - m\delta) 2\pi d_0 n$$

特征尺寸为

$$D_a = 4V/A_a = 4abh/A_a$$

（3）数据采集处理系统。

1）HP34970A 数据采集单元及功能插板；

2）计算机；

3）HP82350A 接口板；

4）接口电缆。

（三）实验原理

该实验目的是测定气侧换热面的传热规律，即传热因子 J 与雷诺数 Re 之间的关系。

该换热器为带翅片的圆管，其热阻由以下几部分组成

$$\frac{1}{KA} = \frac{1}{\pi d_i l}\left(\frac{1}{\alpha_w} + r_{fw}\right) + \frac{\ln(d_o/d_i)}{2\pi\lambda l} + \left(r_{fa} + \frac{1}{\alpha_a \eta}\right)\frac{1}{A_a} \tag{8-1}$$

式中　r_{fw}、r_{fa}——水侧和气侧的污垢热阻，$m^2 \cdot \mathrm{℃/W}$；

　　　　α_w、α_a——水侧和气侧的换热系数，$\mathrm{W/(m^2 \cdot ℃)}$；

　　　　　　η——气侧的肋壁效率；

$\dfrac{\ln(d_o/d_i)}{2\pi\lambda l}$——管壁导热热阻，$\mathrm{℃/W}$。

式（8-1）可简化为

$$\frac{1}{KA} = \frac{1}{\pi d_i l \alpha_w} + \frac{\ln(d_0/d_i)}{2\pi\lambda l} + \frac{1}{\alpha_a \eta A_a} \tag{8-2}$$

其中，$1/KA$ 由实验求得，即

$$1/KA = \Delta T_m / Q \tag{8-3}$$

水侧换热系数 α_w 可按水在管内流动的换热准则计算确定，于是由式（8-2）可求得气侧换热表面的热阻 $\dfrac{1}{\alpha_a \eta A_a}$。气侧换热面的换热规律可用 J-Re 关系表示，传热因子 J 可用折算换热系数 $\alpha_A = \alpha_a \eta$ 定义，即

$$J = \frac{\alpha_A}{G_a c_p} Pr^{2/3} \tag{8-4}$$

雷诺数 Re 用空气流经换热器的迎面质量流速 G_a 定义，即

$$Re = \frac{G_a D_a}{\mu} \tag{8-5}$$

其中，迎面质量流速 $G_a = m_a / F_a$ $\mathrm{[kg/(m^2 \cdot s)]}$。

特征尺寸 D_a 可用式（8-6）定义，即

$$D_a = 4V/A_a$$
$$V = abh \tag{8-6}$$

式中　V——气侧通道所占体积，m^3；

　　　　A_a——与空气接触的表面积，即气侧传热总面积，m^2。

采用上述传热因子 J 和雷诺数 Re 的定义法处理数据，可使其结果应用较方便。

实验工况可安排在不同的空气流量下进行，将各工况所测结果按上述处理方法计算出相应的 J 与 Re，然后绘在双对数坐标纸上，即可得出其 J-Re 的变化规律。

四、实验步骤及注意事项

1. 实验步骤

（1）打开回水阀，开启水泵，改变调节阀开度以调节水流量。

（2）开启风机，将风门全开。

（3）待水温到达设定温度并稳定 5min 后，读取有关数据（注意水流量也应稳定）。

（4）逐次减小风机风门的开度改变实验工况，每改变一次工况稳定 5min 后再读取数据。

2. 注意事项

（1）热水温度一般设定为 60℃。

（2）水流量一般选为 350～400L/h。

五、实验数据处理

（1）打印或抄录实验数据。

（2）绘制 J - Re 曲线。

六、思考题

（1）影响间壁式换热器性能的因素有哪些？

（2）增强间壁式换热器性能主要应从哪些方面着手？

（3）该实验台产生测试误差的重要环节是什么？如何改进？

（4）从该实验的结果分析，什么条件下热平衡误差较大？为什么？

单元九 锅炉与锅炉房设备

实验一 煤的发热量测定实验

一、实验目的

测定煤的发热量的目的是确定煤在锅炉中完全燃烧时所放出的热量。发热量是煤的重要指标之一。锅炉设计改造中热平衡的计算、一些相关参数的确定及配套设备部件的选择均以煤的发热量作为重要依据。煤的发热量同其他工业分析参数一样也是指导锅炉运行管理的重要依据。

二、实验仪器

(1) 热量计。热量计有恒温式和绝热式两种，如图9-1所示。

恒温式热量计，就是设法使外筒温度恒定不变，以利于校正热交换的影响，目前一般用水容量大的外筒并加绝热层，这样可使室温变化对测试的影响极小。

绝热式热量计，就是设法使内筒和外筒之间在实验过程中无温差，处于绝热状态，这样也就消除了热交换。一般采用自动控制的方式，当内筒温度升高、外筒自动通电加热时，始终保持内、外筒温度一致。

以上两种热量计的差别仅在于外筒及附属的自动控制装置。

热量计的主要部件和附件如下：

1) 氧弹。如图9-2所示，其容积为250～350mL，弹盖上装有进气阀、排气阀以及点火电极。

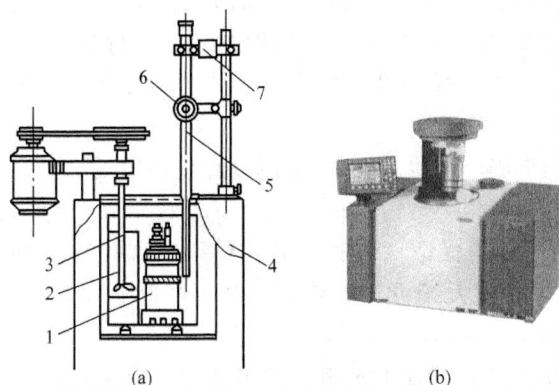

图9-1 热量计

(a) GR-3500型恒温式热量计；(b) 绝热式热量计外观

1—氧弹（弹筒）；2—内筒；3—搅拌器；4—外筒；
5—贝克曼温度计；6—放大镜；7—振荡器

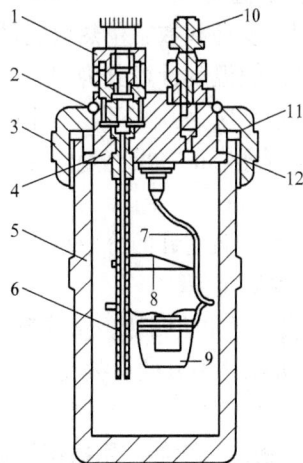

图9-2 氧弹

1—进气阀；2—弹簧阀；3—连接环；4—弹盖；
5—弹体；6—氧气导管；7—点火电极；8—遮火罩；
9—燃烧皿；10—排气阀；11—压环；
12—方形断面橡胶密封圈

由于氧弹为压力容器，因此使用 2 年后必须进行 20.0MPa 水压试验，无问题后再用。另外，新氧弹和新换部件（杯体、弹盖、连接环）也需进行水压试验。

氧弹一般由耐热、耐腐蚀的镍铬钼或镍铬钢制成，且满足如下要求：

a. 不受燃烧过程中出现的高温和腐蚀性产物的影响而产生热效应。

b. 能承受充氧压力和燃烧过程中产生的瞬时高压。

c. 实验过程中能保持完全气密。

2）内筒。用紫铜、黄铜或不锈钢制成，断面可为圆形、菱形或其他适当形状。筒内装水 2000～3000mL，以浸没氧弹（进、排气阀和点火电极除外）为准。

内筒外面应电镀抛光，以减少与外筒间的辐射作用。

3）外筒。由金属薄板制成的双层容器，外层断面为圆形，内层形状则依内筒形状而定；原则上要保证内筒周围和底部同外筒之间有 10～20mm 的间距，外筒底部有绝热支架，以便放置内筒。

恒温式外筒：恒温式热量计配置恒温式外筒。恒温式外筒的热容量应不小于热量计热容量的 5 倍，以便保持实验过程中外筒温度基本恒定。外筒外面可加绝热保护层，以减少室温波动的影响。用于外筒的温度计应有 0.1K 的最小分度值。

绝热式外筒：绝热式热量计配置绝热式外筒。绝热式外筒中装有加热装置，通过自动控温装置，外筒水温能紧密跟踪内筒的温度。外筒中的水还应在特制的双层盖中循环。

自动控温装置应满足如下要求：灵敏度能达到使点火前和终点后内筒温度保持稳定（5min 内温度变化不超过 0.0005K/min）；一次实验的升温过程中，内外筒间热交换量应不超过 20J。

4）搅拌器。一般为电动机带动的螺旋桨式搅拌器，转速为 400～600r/min，应稳定。对搅拌器的要求是，搅拌效率高（由点火到终点时的时间不超过 10min），而又不致产生过多的搅拌热（连续 10min 搅拌产生的热量不超过 120J）。

5）量热温度计。煤的发热量的测量是否准确，内筒温度计量十分重要。量热温度计有玻璃水银温度计和数字量热温度计两种。

玻璃水银温度计可分为固定测温范围的精密温度计和可调测温范围的贝克曼温度计，其最小分度值均应为 0.01K，使用时应据计量机构的检定证书做出必要的校正。这两种温度计均须进行刻度修正（贝克曼温度计称孔径校正）。贝克曼温度计还应进行"平均分度值"的校正。

数字量热温度计的分辨率为 0.001K，测温准确度至少达到 0.002K（经校正后）。

（2）附属设备。

1）放大镜和照明灯。量热温度计分度值较小，为保证 0.001K 的读数精度需要一个大约 5 倍的放大镜，为方便读数在其后部装有照明灯，放大镜可上下移动，照明灯也随之移动，以跟踪内筒温度值。

2）振荡器。读数前用振荡器振动温度计以克服毛细管中水银柱的附着力，也可用套有橡胶管的玻璃棒等轻轻敲击温度计。

3）燃烧皿。它是煤的燃烧室，高 17～18mm，底部直径为 19～20mm，上部直径为 25～26mm，厚 0.5mm。一般铂燃烧皿最好，也可用镍铬钢或其他合金钢及石英制作，以能保证煤样燃烧自身不受腐蚀和产生热效应。

4）压力计与导管。压力计有两个作用：①指示氧气瓶中压力；②将瓶中压力减为用氧处的压力并指示用氧压力。为了保证操作的安全性及指示的准确性，每 2 年压力计应送计量部门检定一次。

压力计和各连接部分禁止与油脂或润滑油接触。如不慎沾污，需依次用苯和酒精清洗，并待干后使用。

5）点火装置。点火采用 12～24V 的电源，可由 220V 交流电经变压器供给。线路中应串联一个调节电压的变阻器和一个指示点火情况的指示灯或电流计。

点火电压应先经实验确定。首先接好点火丝，然后在空气中通电。在熔断式点火的情况下，调节电压使点火丝在 1～2s 内达到亮红。在棉线点火的情况下，调节电压使点火丝在 4～5s 内达到暗红。电压和时间确定后，应准确测出电压、电流和通电时间，以计算电能产生的热量。

若采用棉线点火，则在遮火罩以上的两电极柱间连接一段直径约为 0.3mm 的镍铬丝，丝中部预先浇注成螺旋状以便发热集中。根据点火的难易，调节棉线搭接的多少。

6）压饼机。采用螺旋式或杠杆式压饼机，能制成直径为 10mm 的煤饼或苯甲酸饼。模具及压杆应用硬质钢制成，表面光洁易于擦拭。

（3）其他仪器设备及试剂材料。

1）秒表。

2）分析天平：感量 0.0001g。

3）工业天平：载量 4～5kg，感量 1g。

4）测外筒水温和露出柱温度的温度计：测温范围为 0～50℃，分度值为 0.1K。

5）点火丝：直径为 0.1mm 左右的铂、铁、铜、镍铬丝或其他已知热值的金属丝均可使用。使用棉线时，应选粗细均匀不涂蜡的白色棉线。各种点火丝使用前，先截成等长的数十根，称出每根的重量。各种点火丝热值：铁丝为 6699J/g，铜丝为 2512J/g，铂丝为 419J/g，镍铬丝为 1403J/g，棉线为 17 501J/g。

6）氧气：不含可燃成分，因此不许使用电解氧。

7）石棉绒或石棉纸：使用前在 800℃下灼烧 0.5h。

8）擦镜头纸或卷烟纸：使用前应先测出发热量。

9）氢氧化钠标准溶液。

10）甲基红或甲基橙指示剂。

11）苯甲酸：经计量机关检定并标明热值。使用前，用研钵研细（<0.2mm）并在盛有硫酸的干燥器中放置 3h，或在 60～70℃ 的烘箱中干燥 3～4h，冷却后压饼；也可将未经研磨的苯甲酸装入燃烧皿中放在温度为 121～126℃ 的烘箱中干燥 1h，或在酒精灯的小火焰中进行熔融，放入干燥器中冷却后使用。熔体表面的针状结晶应用洁净毛刷刷掉，然后才能使用。

三、实验原理

（1）将一定量的试样置于燃烧皿中，再将燃烧皿放在氧弹中，并给氧弹充以过量氧，将氧弹装于已知热容量的热量计中（热量计的热容量在和实验相似的条件下用基准量热物苯甲酸来确定，热量计量热系统温度上升 1K 所需的热量定义为热容量），测出量热系统产生的温升并对点火热等附加热进行校正后，即可求得试样的弹筒发热量。

从弹筒发热量中扣除硝酸形成热和硫酸与二氧化硫形成热之差即为高位发热量。从高位发热量中扣除水蒸气的气化潜热即得煤的低位发热量。

（2）发热量测定对实验室的要求。

1）实验室应设在一单独房间，不得在同一房间内进行其他实验项目。

2）室温应尽量保持恒定，每次测定室温变化不应超过 1K，通常室温以不超出 15～30℃为宜。

3）室内无强烈的空气对流，因此不应有强烈的热源和风扇等，实验过程中应避免开启门窗。

4）实验室最好朝北，以避免阳光照射，或将热量计放在不受阳光直射的地方。

四、实验方法和步骤

1. 恒温式热量计法

（1）在燃烧皿中精确称取分析试样 1g±0.1g，精确到 0.0002g。

对于燃烧时易于飞溅的试样，先用已知质量的擦镜纸包紧再进行测试，也可在压饼机中压饼并切成 2～4mm 的小块使用（可在此步骤后称量，以保证试样质量的准确性）。

对于不易燃烧的试样，宜用石英燃烧皿，或在金属燃烧皿中铺一个石棉垫，或在皿底铺一层石棉绒，以手指压实作衬垫均可。若仍燃烧不完全，可提高充氧压力至 3.2MPa，或用已知热值的擦镜纸若干克包裹试样并压紧，放入燃烧皿中。

（2）取一段已知质量的点火丝，把两端分别接在两个电极柱上，注意与试样保持良好接触或保持微小的距离（对易飞溅和易燃的煤）。勿使点火丝接触燃烧皿，以免形成短路而导致点火失败，甚至烧坏燃烧皿。同时，还应防止两电极间以及燃烧皿与另一电极之间短路。

（3）给氧弹加入 10mL 蒸馏水。小心拧紧氧弹盖，以防止因振动点火丝位置改变而使点火失败。给氧弹中充入 2.8～3.0MPa 的氧气，应缓缓充入，时间不少于 15s。当氧气瓶中压力降到 5.0MPa 以下时，应适当延长充氧时间。当瓶中压力低于 4.0MPa 时，应更换氧气。

（4）用工业天平称量蒸馏水，加入内筒中至氧弹盖的顶面（不包括突出的氧气阀和电极）浸没在水面以下 10～20mm。每次实验时内筒装水量应与标定热容量时一致。

如用量筒量取水量，则需对温度变化进行校正。

加水时还应适当调节水温，使实验终点内筒水温比外筒水温高 1K 左右，以使终点内筒温度有明显下降。外筒温度尽量接近室温，相差不超过 1.5K。

（5）把氧弹放入装好水的内筒中，如氧弹中无气泡漏出，则表明气密性良好，即可把内筒放在外筒的绝热架上；如有气泡出现，则表明漏气，应找出原因，予以更正，重新充氧。然后插上点火电极插头，装上搅拌器和量热温度计，并盖上外筒的盖子。温度计水银泡位于氧弹主体的中部，温度计不得和内筒壁和氧弹接触。

（6）开动搅拌器，5min 后开始计时并读取内筒温度（t_0），通电点火。随后记下外筒温度（t_i）和露出柱温度（t_e）。外筒温度至少读到 0.05K，内筒温度借助放大镜读到 0.001K。读取温度时，视线、放大镜中线和水银柱顶端应位于同一水平面上，以避免视差对读数的影响。每次读数时待振荡器振荡后方可读取。

(7) 观察内筒温度，在 30s 内温度急剧上升，则表明点火成功。点火后 $1'40''$ 读取一次内筒温度 ($t_{1'40''}$)，读到 0.01K 即可。

(8) 接近终点时，开始按 1min 间隔读取温度，精确到 0.001K。以第一个下降温度作为终点温度 (t_n)。实验主阶段至此结束（一般热量计由点火到终点时的时间为 8～10min，对于一台具体热量计，可根据经验适当掌握）。

(9) 停止搅拌，取出内筒和氧弹，开启放气阀，放出燃烧废气。打开氧弹，仔细观察弹筒和燃烧皿内部，如有燃烧不完全的迹象或炭黑存在，则实验作废。

量出未燃点火丝的长度，以便计算实际消耗量。用蒸馏水充分冲洗氧弹内各部分放气阀、燃烧皿内外的渣。把全部洗液（共约 100mL）收集在一个烧杯中供测硫分使用。

2. 绝热式热量计法

(1) 安装并调节热量计。

(2) 准备试样、氧弹和内筒。调节内筒水温使其接近室温，一般相差不超过 5K，以稍低于室温最为理想，过高、过低均对测试不利。

(3) 安放内筒和氧弹。

(4) 开启搅拌器和外筒循环水泵，开通外筒冷却水和加热器。当内筒温度趋于稳定后，调节冷却水流速，使外筒加热器每分钟接通 3～5 次（由电流计或指示灯观察）。如自动控温线路采用晶闸管代替继电器，则冷却水的调节应以加热器中有微弱电流为准。

(5) 调好冷却水后，读取内筒温度，借助放大镜读准到 0.001K。每次读数时，振荡器振动后读取。当 5min 内温度变化不超过 0.002K 时，即可通电点火，此时的温度即为点火温度 t_0。否则，调节电桥平衡钮，直到内筒温度达稳定再点火。

点火 6～7min 后，再以 1min 间隔读取内筒温度，直到连续 3 次读取相差不超过 0.001K 为止，取最高一次读数作为终点温度 t_n。

(6) 关闭搅拌器和加热器（循环水泵继续开启），结束实验。

五、实验数据处理

1. 校正

(1) 温度计刻度校正。根据检定书中所给的孔径修正值校正点火温度 t_0 和终点温度 t_n，再由校正后的温度 (t_0+h_0) 和 (t_n+h_n) 求出温升，其中 h_0 和 h_n 分别代表 t_0 和 t_n 的孔径修正值。

(2) 若使用贝克曼温度计，需进行平均分度值的校正。调定基点温度后，应根据检定书中所给的平均分度值计算该基点温度下的对应于标准露出柱温度（根据检定书所给的露出柱温度计算而得）的平均分度值 H_0。

实验时，当露出柱温度 t_e 与标准露出柱温度相差 3℃以上时，按式（9-1）计算平均分度值 H，即

$$H = H_0 + 0.000\,16(t_s - t_e) \tag{9-1}$$

式中　H_0——基点温度下对应于标准露出柱温度时的平均分度值；

　　　t_s——基点温度对应的标准露出柱温度，℃；

　　　t_e——实验时的露出柱温度，℃。

(3) 冷却校正。绝热式热量计的热量交换可以忽略不计，因而无需冷却校正。恒温式热

量计的内筒在实验过程中与外筒间始终发生热交换，对此散失的热量应予以校正，具体方法是在温升中加一个校正值 C，这个校正值 C 称为冷却校正值，计算方法如下：

首先根据点火时和终点时的内、外筒温差 (t_0-t_j) 和 (t_n-t_j)，从 $v\text{-}(t-t_j)$ 关系曲线中查出相应的 v_0 和 v_n，或根据预先标定出的式（9-2）、式（9-3）计算出 v_0 和 v_n，即

$$v_0 = K(t_0-t_j)+A \tag{9-2}$$
$$v_n = K(t_n-t_j)+A \tag{9-3}$$

式中　v_0——在点火时内、外筒温差影响下造成的内筒降温速度，K/min；

　　　v_n——在终点时内、外筒温差影响下造成的内筒降温速度，K/min；

　　　K——热量计的冷却常数，min^{-1}；

　　　A——热量计的综合常数，K/min；

　　　t_0——点火时的内筒温度；

　　　t_n——终点时的内筒温度；

　　　t_j——外筒温度。

然后按式（9-4）计算冷却校正值，即

$$C = (n-a)v_n + av_0 \tag{9-4}$$

式中　C——冷却校正值，K；

　　　n——从点火到终点时的时间，min；

　　　a——当 $\dfrac{\Delta}{\Delta_{1'40''}}\leqslant 1.2$ 时，$a=\dfrac{\Delta}{\Delta_{1'40''}}-0.1$；当 $\dfrac{\Delta}{\Delta_{1'40''}}>1.2$ 时，$a=\dfrac{\Delta}{\Delta_{1'40''}}$〔其中 Δ 为主期内总温升（$\Delta=t_n-t_0$），$\Delta_{1'40''}$ 为点火后 $1'40''$ 时的温升（$\Delta_{1'40''}=t_{1'40''}-t_0$）〕。

在自动量热仪中或在特殊需要的情况下，可使用式（9-5）计算冷却校正值，即

$$C = nv_0 + \frac{v_n-v_0}{t_n-t_0}\left[\frac{t_0+t_n}{2} + \sum_{i=1}^{n-1}t_i - nt_0\right] \tag{9-5}$$

式中　t_i——主期内第 i 时刻的内筒温度。

使用式（9-5）时在操作步骤上要求，点火后每分钟读取温度一次，直至终点。

应注意的是，当内筒使用贝克曼温度计、外筒使用普通温度计时，应从实测的外筒温度中减去贝克曼温度计的基点温度后作为外筒温度 t_j，再计算内、外筒温差 (t_0-t_j) 和 (t_n-t_j)。若内、外筒都使用贝克曼温度计，则应对实测的外筒温度校正内、外筒温度计基点温度之差，以便求得内、外筒的真正温差。

（4）点火丝热量校正。采用熔断式点火法点火时，应由点火丝实际消耗量和点火丝的燃烧热计算出点火丝放出的热量。

采用棉线点火法点火时，首先算出所用一根棉线的燃烧热，然后确定每次消耗的电能热，两者之和即为点火热。

2. 发热量的计算

（1）按式（9-6）或式（9-7）计算弹筒发热量 $Q_{b,ad}$。恒温式热量计用式（9-6）计算弹筒发热量，即

$$Q_{b,ad} = \frac{EH\left[(t_n+h_n)-(t_0+h_0)+C\right]-(q_1+q_2)}{m} \tag{9-6}$$

式中　$Q_{b,ad}$——空气干燥试样的弹筒发热量，J/g；

　　　E——热量计的热容量，J/K；

q_1——点火热，J；

q_2——添加物（如包纸）等产生的总热量，J；

m——试样质量，g；

H——贝克曼温度计的平均分度值。

绝热式热量计用式（9-7）计算弹筒发热量，即

$$Q_{b,ad} = \frac{EH[(t_n + h_n) - (t_0 + h_0)] - (q_1 + q_2)}{m}$$ （9-7）

（2）按式（9-8）计算高位发热 $Q_{gr,v,ad}$，即

$$Q_{gr,v,ad} = Q_{b,ad} - (94.1 S_{b,ad} + a Q_{b,ad})$$ （9-8）

式中 $Q_{gr,v,ad}$——空气干燥试样的高位发热量，J/g；

$Q_{b,ad}$——空气干燥试样的弹筒发热量，J/g；

$S_{b,ad}$——由弹筒洗液测得的含硫量，当全硫含量低于 4% 或发热量大于 14.60MJ/kg 时，可用全硫或可燃硫代替 $S_{b,ad}$，%；

94.1——煤中每 1% 硫的校正值，J；

a——硝酸校正系数，当 $Q_{b,ad} \leqslant 16.7MJ/kg$ 时，$a = 0.001$；当 $16.7MJ/kg < Q_{b,ad} < 25.10MJ/kg$ 时，$a = 0.0012$；当 $Q_{b,ad} > 25.10MJ/kg$ 时，$a = 0.0016$。

在需要用氧弹洗液测定 $S_{b,ad}$ 的情况下，把洗液煮沸 1～2min，取下稍冷却后，以甲基红（或相应的混合指示剂）为指示剂，用氢氧化钠标准溶液滴定，以求出洗液中的总酸量。然后按式（9-9）算出 $S_{b,ad}$，即

$$S_{b,ad} = \left(\frac{CV}{m} - \frac{a Q_{b,ad}}{60} \right) \times 1.6$$ （9-9）

式中 C——氢氧化钠溶液的物质的量浓度，约为 0.1mol/L；

V——滴定所用氢氧化钠溶液的体积，mL；

60——相当于 1mmol 硝酸的生成热，J。

应注意的是，上述对硫的校正方法中，略去了对煤样中硫酸盐的考虑。这对绝大多数煤来说影响不大，因煤中硫酸盐的含硫量一般很低，但有些特殊煤样中含硫量可达 0.5% 以上。据实际经验，煤样燃烧后，由于灰的飞溅，一部分硫酸盐中的硫也随之落入弹筒，因此无法利用弹筒洗液来分别测定硫酸盐中的硫和其他硫。遇此情况，为准确求得高位发热量，只有另行测定硫酸盐中的硫或可燃硫，然后做相应的校正。关于发热量大于 14.6MJ/kg 的规定，在用包纸或掺苯甲酸的情况下，应按包纸或添加物放出的总热量来掌握。

六、思考题

（1）什么是燃料的发热量？高位发热量与低位发热量有什么区别？

（2）弹筒发热量、高位发热量、低位发热量有何区别？有关锅炉的热工计算中用哪种发热量？

（3）恒温式热量计与绝热式热量计有哪些差别？

（4）何谓热量计的热容量？它是如何确定的？

（5）何谓贝克曼温度计的基点温度？怎样把普通温度计测得的外筒温度折算为贝克曼温度？

实验二　煤的挥发分测定实验

一、实验目的

煤的挥发分测定是煤的工业分析中的一项重要内容，而煤的工业分析是一种简便而实用的定量分析方法，在锅炉的设计改造、实验研究及锅炉房的工艺设计、运行和测试中，一般均需由煤的工业分析提供数据，包括水分、灰分、挥发分和固定碳的含量，从广义上讲还包括发热量、硫分、焦渣特征及灰熔点的测定。

二、煤的取样

所取煤样是否能代表批量煤或锅炉当前用煤的平均性质是分析化验取得可靠数据的前提。如果取样失误，即使制样分析化验正确，则所获得的结果也是不可靠的。因此，煤的取样应严格按照规定进行，目前国内执行 GB 474—2008《煤样的制备方法》。

1. 混煤的取样

炉前收到煤的煤样采集，应在称量前的小车上、炉前煤堆中或带式输送机上取样。在小车上取样时，取样部位一般在小车上距四角 5cm 处和中心部位 5 点取样；在煤堆中取样，一般要在煤堆四周高于地面 10cm 以上处取样，且取样点不少于 5 点；在带式输送机上取样，应用铁铲横截煤流，时间间隔要均匀。采用上述方法采集煤样时，每点或每次取样量不得少于 0.5kg，取好后的煤样应放入带盖的容器中，以防煤中水分丢失。特别注意，为了所取煤样能代表一批煤的平均性质，所取的矸石、石头等杂物不能随意剔除。

取样的数量要求：未经缩分的煤样量一般为总燃煤量的 1%，且总量不应小于 10kg；当锅炉出力大于或等于 14MW（或 20t/h）时，取样量为总煤量的 0.5%。

2. 煤样的缩分方法

从燃煤中取样数量较多，要得到化验室煤样还必须进行缩分。缩分时将煤倒在干净的铁板上或水泥地面上，将大块煤、矸石砸碎至粒度为 13mm 以下，然后充分混合，用铁锹将煤铲起，每锹应少铲，自上而下撒落，且锹头方向要有规律地变化，以使锥堆周围的粒度分布尽量均匀。如此反复锥堆 3 次，然后用铁锹压锥体顶部，形成一个均匀的圆饼状，再划出 2 个垂直的直径将饼分为 4 个基本相等的扇形，将相对的 2 个扇形去掉，把留下部分再依同样的方法进行掺合缩分，甚至缩分出的质量不小于 2kg，分两份装入镀锌铁皮取样筒中并严封，一份送化验室，一份保存备查。

对有更高要求的煤样缩分可参阅 GB 474—2008。

3. 煤粉的取样和缩分

对于煤粉炉，原煤的取样应在给煤机处进行。

煤粉的取样按锅炉系统的不同分为以下两种方法：

（1）带直吹制粉系统的煤粉炉在排粉机出口或粗粉分离器出口管道上安装可移动的抽气取样器取样。

（2）带中间仓储式制粉系统的煤粉炉在旋风分离器下的粉管上用活动煤粉取样管取样，或在给粉机落粉管上用沉降取样器取样。

所采集的煤粉应仔细掺混，缩分最后得到 0.5kg 左右的实验室试样，再将其分为两份，分别装入镀锌铁皮取样筒中密封，一份送化验室，一份保存备查。

煤的工业分析需用分析试样，所谓分析试样，是指在缩分试样的基础上去除外在水分后，再将煤磨碎、筛分到规定粒度的试样。分析试样的制取，先测出试样外在水分，然后用磨煤机将试样粉碎，全部能通过孔径为 0.2mm 筛子后装瓶待用。

三、实验设备和仪器

(1) 马弗炉。能够把炉温控制在 $(900\pm10)℃$ 范围内，且炉子升温性能良好，当放入室温下的置有坩埚的坩埚架后，关闭炉门 3min 内温度能恢复到 $(900\pm10)℃$。

(2) 坩埚。瓷质，质量一般为 15~20g，尺寸如图 9-3 所示。

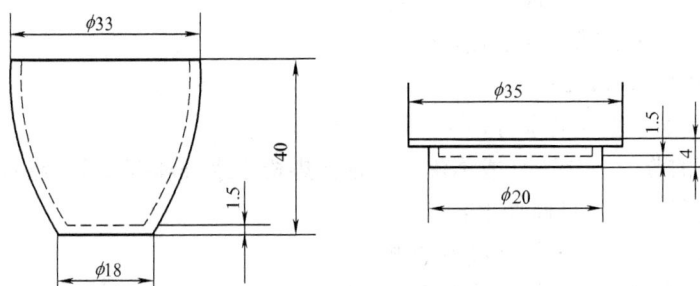

图 9-3 坩埚尺寸

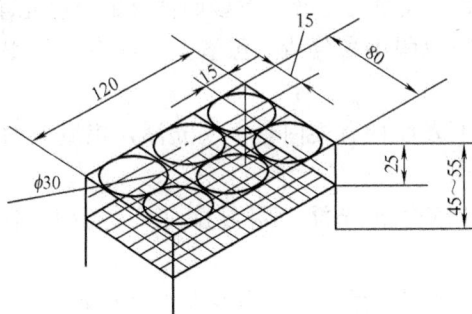

图 9-4 坩埚架

(3) 坩埚架。用镍铬丝或其他耐热金属丝制成，其规格尺寸以使坩埚能放到马弗炉中恒温区为宜，且坩埚底部位于热电偶热接点之上方距炉底 20~30mm 处（如图 9-4所示）。

(4) 坩埚架夹（如图 9-5 所示）。

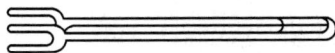

图 9-5 坩埚架夹

(5) 秒表。

(6) 干燥器、分析天平等。

四、实验原理

用瓷坩埚称取一定量的空气干燥煤样，放入马弗炉中隔绝空气加热 7min 后，煤样减少的质量占原质量的百分数减去该煤样的空气干燥基水分 M_{ad}，即为其挥发分。

五、实验方法和步骤

(1) 用已知皮重（精确到 0.0002g）质量恒定（经 900℃高温灼烧）的带盖瓷坩埚称取粒度为 0.2mm 以下的空气干燥煤样 (1 ± 0.01)g，精确到 0.0002g，轻轻晃动坩埚，使煤样摊平，盖上坩埚盖，把坩埚放在坩埚架上。褐煤和长焰煤应预先用压饼机压饼，并切成 3mm 的小块。

（2）将温度已加热到 920℃ 左右的马弗炉炉门打开，迅速将坩埚架送入炉膛中部并关上炉门，随之坩埚温度上升。若 3min 内坩埚温度能上升到（900±10）℃，再继续加热 7min，实验有效。否则实验作废。

（3）从炉中取出坩埚，放在空气中冷却 5min 左右，移入干燥器中冷却至室温（约 20min）后称量。

（4）煤样空气干燥基挥发分按式（9-10）计算，即

$$V_{ad} = \frac{m_1}{m} \times 100 - M_{ad} \tag{9-10}$$

式中　V_{ad}——空气干燥煤样的挥发分产率，%；

　　　m_1——煤样加热后减少的质量，g；

　　　m——煤样的质量，g；

　　　M_{ad}——空气干燥煤样的水分，%。

（5）焦渣特征的鉴定。焦渣（或称焦炭）是指煤析出水分和挥发分后的残留物，用它可以初步鉴定煤的黏结特性，具体如下：

1）粉状。全部是粉末，无相互黏着的颗粒。

2）黏着。用手指轻碰即成粉末或基本是粉末，其中较大团块轻轻一碰即成粉末。

3）弱黏结。用手指轻压即成小块。

4）不熔融黏结。手指用力压才裂成小块，焦渣上表面无光泽，下表面稍有银白色光泽。

5）不膨胀熔融黏结。焦渣成扁平的饼状，煤粒界限不易分清，焦渣上表面有明显银白色金属光泽，下表面银白色金属光泽更明显。

6）微膨胀熔融黏结。用手指压不碎，焦渣上下表面均有银白色金属光泽，焦渣表面有较小的膨胀泡。

7）膨胀熔融黏结。焦渣上、下表面有银白色金属光泽，明显膨胀，但高度不超过 15mm。

8）强膨胀熔融黏结。焦渣上、下表面有银白色金属光泽，焦渣高度大于 15mm。

六、思考题

（1）燃料分哪几类？工业锅炉用煤的类别是怎样划分的？

（2）煤的成分分析基准有哪几种？试论述它们的物理意义及应用场合。

实验三　煤的烟气分析实验

一、实验目的

三原子气体（RO_2）、氧气（O_2）、一氧化碳（CO）和氮气（N_2）是烟气的主要成分，用奥氏气体分析仪分析其含量就是所谓的烟气分析。通过烟气分析值可以初步判定燃料燃烧是否完全及炉膛烟道漏风情况，并能计算出空气过量系数，为锅炉热工测试的计算提供

依据。

二、实验仪器及药液的配制

1. 实验仪器

如图 9-6 所示,量筒 4 用以测量烟气体积及分析读数,其容积为 100mL,上面有刻度,为减少室温变化对烟气容积的影响,在其外部设有一个水套 3,这样,在室温变化不十分明显的情况下,可以免除室温变化必须对烟气容积进行的校正。量筒的上部用乳胶管同梳形管 10 相连,其下部用乳胶管和平衡瓶 1 相连。平衡瓶中装有密封液。吸收瓶用乳胶管同梳形管相连。为了防止吸收瓶中的药液被空气中的气体所饱和,吸收瓶圆球上的药液进口应用橡皮塞塞住,圆球上的气口应用乳胶管同密封瓶 2 相连。

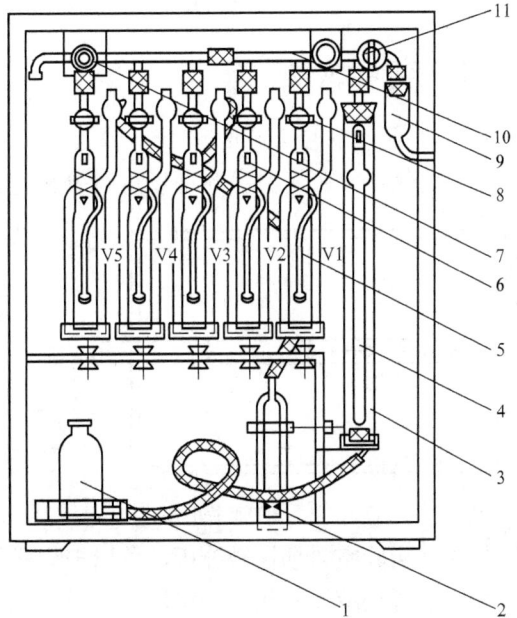

图 9-6 奥氏气体分析仪

1—平衡瓶;2—密封瓶;3—水套;4—量筒;5—吸收瓶;
6—吸收瓶中浮子;7—梳形管上排气三通阀;8—吸收瓶阀;
9—干燥过滤器;10—梳形管;11—梳形管上进气阀

2. 药液的配制

用三级纯试剂配制以下试剂:

(1)氢氧化钾溶液。用 75g 氢氧化钾溶于 150mL 蒸馏水中即可。1mL 该溶液可吸收 RO_2 约 40mL;若每次实验用的烟气体积为 100mL,RO_2 的含量平均为 10%,则 200mL 的化学溶液可使用 800 次。

(2)焦性没食子酸的碱溶液。20g 焦性没食子酸 $[C_6H_3(OH)_3]$ 溶于 40mL 蒸馏水中,55g 氢氧化钾(KOH)溶于 110mL 蒸馏水中,将两者混合后立即在烧杯上加盖,以防止空气的氧化。1mL 药液可吸收 4mL 氧气,若试样中氧气含量平均为 6.5%,则 200mL 吸收液可以使用 120 次左右。

(3)氯化亚铜氨液。50g 氯化铵(NH₄Cl)溶于 150mL 蒸馏水中,再加 40g 氯化亚铜(CuCl₂),经充分搅拌,最后加入相对密度为 0.91、体积为 1/8 此溶液体积的氨水配制而成。

(4)密封液。5% 的硫酸液用食盐饱和后,加数滴甲基橙使溶液呈微红色。密封液之所以要用食盐饱和是为了减少烟气在密封液中的溶解。

三、实验原理

奥氏气体分析仪是利用不同的化学溶液吸收烟气中的不同成分这一原理制成的,让烟气顺次通过不同的化学溶液,其相应的成分被吸收,利用吸收前后体积的变化求出被吸收烟气成分的体积百分数。

目前,实验常用的奥氏气体分析仪如图 9-6 所示,V1~V5 为吸收瓶,其中 V4、V5 备用。

V1 装有氢氧化钾溶液，用于吸收烟气中的三原子气体 RO_2，反应式为

$$2KOH + CO_2 = K_2CO_3 + H_2O \tag{9-11}$$

$$2KOH + SO_2 = K_2SO_3 + H_2O \tag{9-12}$$

V2 装有焦性没食子酸的碱溶液，用于吸收烟气中的氧气，反应式为

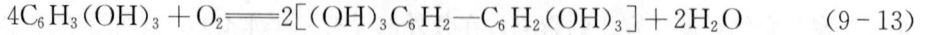

$$4C_6H_3(OH)_3 + O_2 = 2[(OH)_3C_6H_2 - C_6H_2(OH)_3] + 2H_2O \tag{9-13}$$

V5 中装有氯化亚铜氨液，用于吸收烟气中的 CO，反应式为

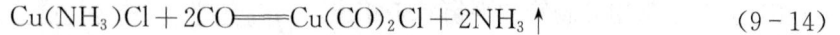

$$Cu(NH_3)Cl + 2CO = Cu(CO)_2Cl + 2NH_3 \uparrow \tag{9-14}$$

四、实验方法和步骤

1. 取样管、取样点的选取

如果将仪器放在锅炉房的现场进行分析，且烟温低于 600℃ 以下时，可使用不经冷却的 $\phi 8\sim12mm$ 不锈钢或碳钢管作取样管，如图 9-7 所示，管壁上开有 $\phi 3\sim5mm$ 的小孔若干，呈笛形，长度以能插入烟道 2/3 处为宜；一端用乳胶管接干燥过滤器的吸气口。

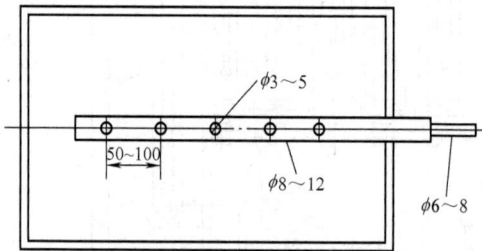

图 9-7 烟气取样管

烟气取样点一般宜设在炉膛出口、过热器后以及排烟前（省煤器或空气预热器后）的烟道中烟流均匀的部位。烟道有局部收缩、拐弯或有可能漏入空气的地方都不宜设取样点。

如果在实验室对烟样做分析，可以把取样管用乳胶管同真空泵的吸气端相连，真空泵的排气端同氧气袋或球胆相连，将烟气收集到氧气袋或球胆内。这样应随取样随分析，不能放置过长时间，以免烟气的有效成分透过乳胶管而影响分析结果。

2. 气密性检查

如图 9-6 所示，打开梳形管上的排气三通阀，抬高平衡瓶将量筒中的废气压出，然后关闭梳形管上的排气三通阀，打开 V1 将吸收瓶中的液位吸致使浮子漂起的部位，并用白胶布做出标记，然后关闭吸收瓶阀。重复上述过程使 V2、V3 的液面置于浮子漂起的部位，同样做出标记。最后用上述方法排尽量筒中的废气，并关闭排气三通阀，将平衡瓶放在仪器底部。若 5~10min 后，各瓶的液面不下降，那么分析仪严密可靠，可以进行分析，否则应检查漏气的部位并用凡士林或考克脂堵漏。

3. 烟气取样

由于取样管较长，其中存有不少空气，因此可以打开梳形管上的进气阀，下移平衡瓶取 100mL 左右气体，再关闭梳形管上的进气阀，打开梳形管上的排气三通阀，排掉所取的气体。重复上述过程 4~5 次就可将管道中的废气排尽，正好取 100mL 烟样。读数时眼睛视线与平衡瓶液面、量筒 100mL 处的液面要位于同一水平面上，以减少读数不当造成的分析误差。

4. 烟气分析

如图 9-6 所示，打开 V1 上的吸收瓶阀，缓慢抬高平衡瓶，将烟气压入 KOH 溶液之中，再缓慢降低平衡瓶，烟气吸到量筒之中，重复上述过程 4~5 次后，可以读数。读数时，

首先降低平衡瓶使吸收瓶的液面升至标志处，然后关闭吸收瓶阀，使平衡瓶中的液位和量筒中的液位及人的视线位于同一平面上。最后打开 V1 上的吸收瓶阀，重复上述过程进行分析，至相邻两次读数相等时，RO_2 就被充分吸收了，此时烟气减少的体积即为 RO_2 的体积。

按照上述方法依次打开 V2 上的吸收瓶阀对 O_2 进行吸收，打开 V3 上的吸收瓶阀对 CO 进行吸收。

由于焦性没食子酸的碱溶液既能吸收氧气，也能吸收 RO_2，而氯化亚铜铵液既能吸收 CO 又能吸收 O_2，所以分析次序不能颠倒，且一种烟气成分被完全吸收后方能进行下一成分的吸收，以免引起分析错误，实验作废。

为了提高分析精度，当用新装配的仪器分析烟气时，由于药液及平衡液中都能溶解一部分烟气，因此最初几组数据可以废弃不用。另外，分析时必须手眼协调，以防药液或平衡液通过梳形管互窜，污染其他药液。

五、实验数据处理

因烟气在奥氏气体分析仪中一直与水接触，始终处于饱和状态，故测得的体积百分数就是干烟气各成分的体积百分数，即

$$RO_2 + O_2 + CO + N_2 = 100\% \tag{9-15}$$

实验中取烟气的体积为 100mL，吸收 RO_2 后的读数为 V_{1mL}，则

$$RO_2 = \frac{100 - V_1}{100} \times 100\% \tag{9-16}$$

吸收 O_2 和 CO 后的读数分别为 V_2、V_3，则

$$O_2 = \frac{V_1 - V_2}{100} \times 100\% \tag{9-17}$$

$$CO = \frac{V_2 - V_3}{100} \times 100\% \tag{9-18}$$

烟气中 CO 含量不高，且氯化亚铜氨液对 CO 的吸收速度慢，很难精确分析出 CO 的含量，因此锅炉的热工测试中仅测 RO_2 和 O_2 的含量，而 CO 的含量则通过计算或采用比色法、比长检定管测定。

把上述实验数据和计算结果记录在表 9-1 中。

表 9-1   烟气分析记录表

项目			时间						平均
RO_2	吸收后读数 V_1	mL							
	分析值	%							
O_2	吸收后读数 V_2	mL							
	分析值	%							
CO	吸收后读数 V_3	mL							
	分析值	%							

燃用煤种：_____   取样点名称：_____   实验日期：_____

(六、) 思考题

（1）怎样减少烟气分析的误差？

（2）有一组烟气分析结果 $RO_2 + O_2 + CO > 21\%$，试判断其可靠性，并分析原因。

（3）由炉膛出口的烟气分析得 $RO_2 < 10\%$、$O_2 > 10\%$，这表明什么？这对一台运行的锅炉来讲，可能存在哪些问题？如何改进？

单元十　燃　气　输　配

实验一　土壤腐蚀性测定实验

一、实验目的

采用四极法测定土壤的电阻率，并说明土壤的腐蚀性。

二、实验原理

ZC-8型接地电阻测量仪主要由手摇发电机、电流互感器、滑线电阻器及检流计组成；另外，还有接地探测针、导线等附件，其工作原理如图10-1所示。

接地电阻测量仪根据电位计工作原理设计，四极法是用对称 C1、P1、P2、C2 4 个电极装置来测量电阻率的，4 个电极在地面上按一直线安装，C1、C2 供电极与电源及电流表相连，构成供电回路，P1、P2 测量极与电位计相连。当电源供给的电流经 C1、C2 电极送入土壤时，在 P1、P2 间建立电位差，该电位

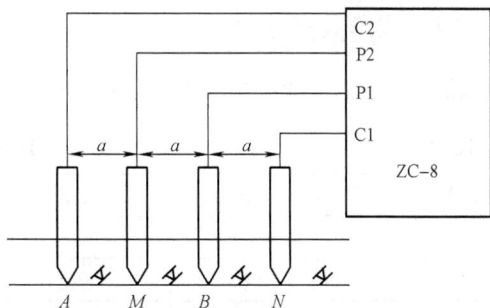

图 10-1　土壤腐蚀性测定实验装置工作原理

差与经 C1、C2 电极的电流量及 P1、P2 间土壤的电阻值成正比。当 4 个电极间距一定时，可根据测量仪表上指示的电位差 V 和电流 I，计算土壤电阻率 ρ，其关系式为

$$\rho = K \frac{\Delta V}{I} = KR \qquad (10-1)$$

式中　K——仪器系数；

R——接地电阻，Ω。

在 4 个电极对称布置的情况下

$$\Delta V = \frac{I\rho}{\pi} \left(\frac{4MB}{AN^2 - MB^2} \right) \qquad (10-2)$$

即

$$\rho = \frac{\pi}{MB} \left[\left(\frac{AN}{2} \right)^2 - \left(\frac{MB}{2} \right)^2 \right] \frac{\Delta V}{I} \qquad (10-3)$$

令

$$K = \frac{\pi}{MB} \left[\left(\frac{AN}{2} \right)^2 - \left(\frac{MB}{2} \right)^2 \right] \qquad (10-4)$$

把接地电极 $MB=a$、$AN=3MB=3a$ 代入式（10-4）得

$$K = 2\pi a \quad (\text{m})$$

此时，土壤电阻率为 $\rho = 2\pi aR$（$\Omega \cdot \text{m}$）

三、实验步骤

（1）把接地电阻测量仪的 4 个端钮用导线连接到 4 根极棒上，并布置成一直线，彼此间距为 a，埋入深度不超过 $\frac{1}{20}a$。

（2）将仪表放置水平位置，检查检流计的指针是否指在中心线上，否则可用零位调节器将其调整在中心线上。

（3）将"倍率标度"置于最大倍数，慢慢转动发电机的摇把，同时旋转"测量标度盘"，使指针指在中心线上。

（4）当指针接近中心线时，加快发电机摇把的转速，使其达 120r/min 以上，调整测量标度盘，使指针指在中心线上。

（5）如测量标度盘的读数小于 1，应将倍率标度置于较小的倍数，重新调整测量标度盘，以得到正确读数。将读数乘以倍率标识的倍数，即为所测的接地电阻值 R。

四、实验数据处理

将实验测得的数据记录在表 10 - 1 中。

表 10 - 1　　　　　　　　　　　　　　实验数据记录表

序号	测棒间距 a（m）	棒尖埋深 h（m）	接地电阻 R（Ω）	土壤电阻率 ρ（Ω·m）
1				
2				
3				

结论：

土壤表现状态：

实验二　湿式气体流量计校正实验

一、实验目的

利用标准流量计或标准容积瓶，验证湿式流量计是否准确，并算出其校正系数。

二、实验方法

湿式流量计或燃气表的校正可以利用标准的流量计，也可以利用标准容积瓶。该实验是利用一个标准容积瓶对湿式流量计进行校正的，其装置如图 10 - 2 所示。

由于气体的容积是随温度变化的，如果流量计与标准容积瓶之间有 1℃的温差，就会产生 34‰的相对温差，因此必须放在同一室内一定时间使温度一致以后进行校正。

三、实验步骤

（1）将湿式气体流量计灌入适量蒸馏水，装上温度计和压力计后将其调平。

（2）将湿式气体流量计按图 10-2，与容积瓶、盛水容器连接好，向盛水容器内注入一定量的水（约盛水容器的 2/3）。

（3）旋转三通旋塞阀 7，使容积瓶与气体流量计相通，然后打开旋塞阀 5，盛水容器中的水在重力作用下被压进容积瓶内，这时流量计指针转动。当指针指到"零"（或某一整数）时，立即关闭旋塞阀 5后，旋转三通旋塞阀 7，使容积瓶与大气相通。

（4）将盛水容器由支架放低到桌面，打开旋塞阀 5，水又被压回到盛水容器中。当水面下降到标准容积瓶的下标线时，关闭旋塞阀 5。

（5）再次把盛水容器放在支架上面，旋转三通旋塞阀 7，使瓶内空气再与气体流量计连通，打开旋塞阀 5，容积瓶内空气再次流入流量计中。

（6）当容积瓶内水面上升到上标线时，关闭旋塞阀 5，读流量计示值。

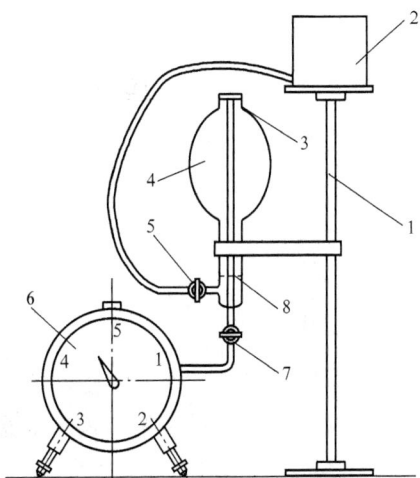

图 10-2　湿式气体流量计校正装置
1—支架；2—盛水容器；3—上标线；4—标准容
积瓶；5—旋塞阀；6—湿式气体流量计；
7—三通旋塞阀；8—下标线

（7）按上述步骤连续校正几次。

（8）流量计校正系数的计算公式为

$$校正系数 \; f = \frac{标准容积瓶计量的容积数 \, V_0}{流量计的容积 \, V}$$

四、实验数据处理

将实验数据记录在表 10-2 中。

表 10-2　　　　　　　　实 验 数 据 记 录 表

实验次数	1	2	3
V_0 （L）			
V （L）			
f			
$\bar{f}$			

单元十一　通　风　工　程

实验一　旋风除尘器性能实验

一、实验目的

(1) 了解旋风除尘器的主要性能。

(2) 通过实验熟悉测定旋风除尘器的阻力和用质量法测定除尘器全效率的方法。

二、实验装置

实验装置如图 11 - 1 所示。

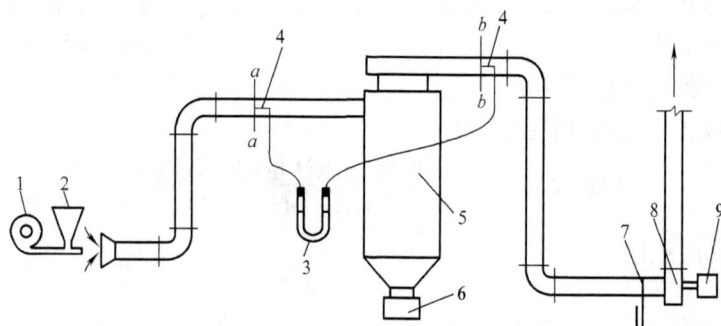

图 11 - 1　除尘器的主要性能实验装置

1—吹尘机；2—加灰器；3—U 形管压力计；4—毕托管；5—旋风除尘器；
6—集尘斗；7—风量调节阀；8—风机；9—电动机

三、实验原理

除尘器阻力

$$\Delta p = p_1 - p_2 = 9.81 \rho_{H_2O} \Delta H \quad (\text{Pa}) \tag{11-1}$$

式中　p_1——除尘器进口全压，Pa；

　　　p_2——除尘器出口全压，Pa；

　　ρ_{H_2O}——水的密度，kg/m^3；

　　ΔH——U 形管压力计两液面高差，m。

如除尘器进、出口连接管径一样，则只需测其进、出口处的静压差即可。

除尘器全效率一般采用下列两种方法测定：

(1) 质量法。只需测出进入除尘器的粉尘质量和除尘器除下的粉尘质量，就可计算其全效率，即

$$\eta = \frac{G_2}{G_1} \times 100\% \qquad (11 - 2)$$

式中 G_1——除尘器的进尘量（1kg 左右），kg；

  G_2——除尘器的集尘量，kg。

（2）浓度法。采用静压平衡空调浓度测定仪同时测出除尘器前、后空气的含尘浓度，就可计算除尘器的全效率，即

$$\eta = \frac{Y_1 - Y_2}{Y_1} \times 100\% \qquad (11 - 3)$$

式中 Y_1——除尘器前空气的含尘浓度，g/m³；

  Y_2——除尘器后空气的含尘浓度，g/m³

该实验采用质量法测定除尘器的全效率。

四、实验步骤

（1）用橡胶管将毕托管与 U 形管压力计连接好。

（2）接通实验装置电源。

（3）除尘器阻力测定：

1）将毕托管分别沿风管测压孔插入到风管内，使毕托管进口正对气流方向并与风管轴线平行，待压力计液面稳定后读出 U 形管压力计两液面高差 ΔH。

2）调节风量调节阀，使流量发生变化，待压力计液面稳定后再读出 U 形管压力计两液面高差 ΔH。

（4）除尘器全效率测定：

1）用电子秤称出盛粉尘容器和集尘斗的质量，并将集尘斗放入除尘器的底部。

2）称出 1kg 左右的粉尘放入加灰器内，再称 1kg 左右备用。

3）启动吹尘机电源搅拌，使粉尘全部被吹走。吹尘时要力求吹尘速度均匀。

4）粉尘全部被吹走后，先停吹尘机电源，再关闭实验装置电源。

5）取出集尘斗，称量除尘器收集粉尘的质量。

6）将备用粉尘放入加灰器内，重复实验步骤 3）～5）。

五、实验数据处理

根据测定的数据，计算旋风除尘器的阻力和全效率，并对实验结果进行分析。

实验二 工作区空气含尘浓度的测定实验

一、实验目的

通过实验测定工作区空气的含尘浓度，了解其测定理论和方法。

二、实验装置和仪器

图 11 - 2 所示为测定工作区空气含尘浓度的取样实验装置。为了便于现场条件的测定

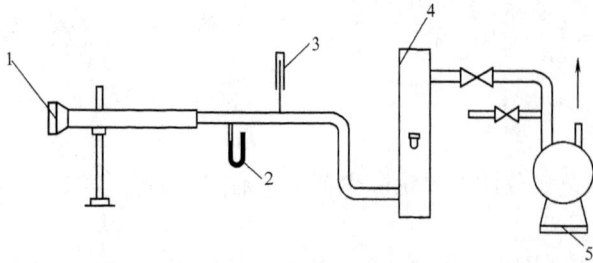

图 11-2　测定工作区空气含尘浓度的取样实验装置

1—滤膜取样器；2—压力计；3—温度计；4—流量计；5—抽气机

也可用粉尘取样仪，它是将图中各部分组装在一起的一台完整的测试仪。

实验用仪器包括滤膜取样器、U形管压力计、玻璃水银温度计、转子流量计、抽气泵等，或者用粉尘取样仪、空盒气压计、精密天平、秒表。

三、实验原理

测定工作区空气的含尘浓度一般采用滤膜增重法。用抽气机采集一定体积的含尘空气，使其经过已知质量的滤膜取样器中的滤膜，这样空气中的粉尘被阻留在滤膜上，根据滤膜前后的质量差（集尘量）和抽气量，即可计算出单位体积空气的质量含尘浓度

$$y = \frac{G_2 - G_1}{V_0} \times 10^3 \tag{11-4}$$

式中　y——测定工作区空气的含尘浓度，mg/m^3；

G_2——取样后滤膜的质量，mg；

G_1——取样前滤膜的质量，mg；

V_0——换算成标准状态下的抽气量，L。

四、实验方法和步骤

（1）将滤膜装在滤膜夹中，用感量为 0.0001g 的天平进行称重，记录质量 G_1。

（2）在取样地点将各部分仪器用橡胶管连接好，并检查是否严密。

（3）启动抽气泵，用螺旋夹迅速调节取样流量至所需数值。若用粉尘取样仪，可直接调节流量计的旋钮。取样流量一般为 15～30L/min，可根据具体情况选择，在整个取样过程中因阻力发生变化应随时进行调整，以保证取样流量的稳定。

（4）启动抽气泵的同时用秒表计时。

（5）记录取样流量（L/min）、取样时间（min）、大气压力（kPa）、流量计前压力（kPa）、流量计前空气温度（℃）等。

（6）取样结束，再进行称重，记录质量 G_2。

五、实验数据处理

1. 取样流量的修正

一般流量计标定状况为 $p = 101.3kPa$、$t = 20℃$。当取样气体与标定气体状态相差较大时，必须对流量计读数进行修正，以取得测定状态下的实际流量，即

$$L_j = L_j' \sqrt{\frac{101.3 \times (273 + t)}{(B + p) \times (273 + 20)}} \tag{11-5}$$

式中　L_j——实际取样流量，L/min；

L_j'——取样流量（流量计读数），L/min；

t——流量计前温度（温度计读数），℃；

B——大气压力，kPa；

p——流量计前压力（压力计读数），kPa。

2. 实际抽气量

实际取样流量再乘以取样时间可得到实际抽气量，即

$$V_t = L_j \times \tau \tag{11-6}$$

式中　V_t——实际抽气量，L；

τ——取样时间，min。

3. 标准状态下的抽气量

$$V_0 = V_t \times \frac{273}{273+t} \times \frac{B+p}{101.3} \tag{11-7}$$

式中　V_0——标准状态下的抽气量，L。

4. 计算含尘浓度

$$y = \frac{G_2 - G_1}{V_0} \times 10^3 \tag{11-8}$$

测定的实验数据记录在表 11-1 中。

表 11-1　　　　　　　　工作区空气含尘浓度的测定实验数据记录表

取样流量 L_j^l (L/min)	取样时间 τ (min)	大气压力 B (kPa)	流量计前压力 p (kPa)	流量计前温度 t (℃)	取样前滤膜的质量 G_1 (mg)	取样后滤膜的质量 G_2 (mg)

（六、思考题）

(1) 计算空气的含尘浓度时，为什么要把抽气量换算成标准状态下的抽气量？

(2) 在实际操作过程中总结出使用滤膜的有关注意事项。

单元十二　供　热　工　程

实验一　热水供暖系统模拟实验

一、实验目的

（1）直观了解机械循环热水供暖系统的各种形式，掌握其在实际工程中的选用。

（2）直观了解膨胀水箱、集气罐、空气管的构造、安装位置和工作情况。

（3）直观了解供暖系统中各水平管路的坡向，观察系统中气泡的产生、流动及排除情况。

（4）观察热水自然循环情况。

二、实验装置

实验装置为热水供暖系统，其原理如图 12-1 所示。

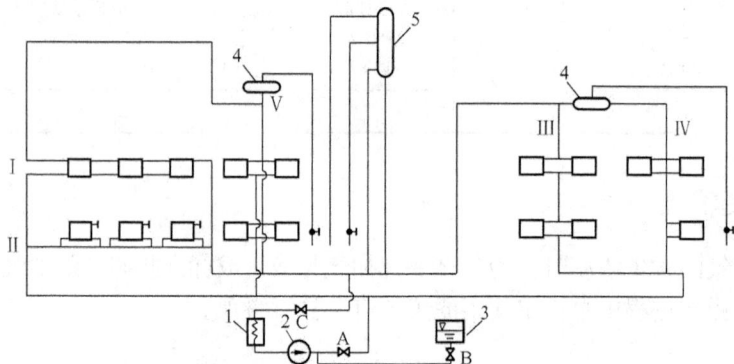

图 12-1　热水供暖系统原理

1—锅炉；2—循环水泵；3—给水箱；4—集气罐；5—膨胀水箱；
Ⅰ—水平式单管顺流式系统；Ⅱ—水平式单管跨越式系统；Ⅲ—垂直式单管
顺流式系统；Ⅳ—垂直式单管跨越式系统；Ⅴ—双管系统

该实验装置除热源和水泵部分外都由玻璃模型组成，利用它可以方便地观察系统排气和流体流动的情况。锅炉模型利用电加热器加热，管路布置较全面地反映出机械循环热水供暖系统的主要形式。同时，开启供水管和回水管的连通阀，停止水泵运转，又可概略地观察自然循环的情况。

三、实验操作过程

1. 熟悉实验装置

识别膨胀水箱、集气罐、锅炉等模型，区分供水管和回水管。熟悉散热器各种不同连接方式及管路坡向。

2. 系统的充水与排气

关闭泄水阀和锅炉的连通阀，开启循环水泵充水（或接通自来水供水管），观察系统内空气是怎样排除的。当膨胀水箱溢流管有水流出时，停止充水。

3. 自然循环

打开锅炉模型的连通阀，开启锅炉加热器，此时循环水泵不运转，观察溶解于水中的空气是否变成游离状态而分离出来，以及气泡的聚集、浮生及排除情况。

4. 机械循环

关闭锅炉模型的连通阀，开启循环水泵，开启锅炉加热器加热系统中水。

5. 实验结束

停止运行，实验完毕，先关加热器开关，后关循环水泵，再开泄水阀泄水。

四、实验结果处理

（1）试画出该实验装置机械循环热水供暖系统图。写明采用了哪些系统形式标在所画的图上，并注明图中各水平管道的正确坡向。

（2）在机械循环热水供暖系统图上画出膨胀水箱所有的连接管，并标明各连接管从膨胀水箱接到系统上的部位。

五、思考题

（1）机械循环与自然循环相比，水在系统中流速有何不同？

（2）观察膨胀水箱和集气罐内水和气的运行各是怎样的？

（3）观察该实验装置在机械循环时系统中有无积气死角？对系统水循环有何不利影响？考虑在实际工程中如何避免集气死角？

实验二　散热器热工性能实验

一、实验目的

（1）通过实验，了解散热器热工性能的测定方法和实验装置结构。

（2）测定有关数据，确定所测散热器在该实验条件下传热系数 $K = f(\Delta t)$ 的关系式。

二、实验装置

散热器热工性能实验装置如图 12-2 所示。各测温点温度由相关仪表分别显示。

三、实验测定内容及方法

在稳定工况下，散热器热平衡关系为

$$\rho V c_p (t_g - t_h) = KF\left(\frac{t_g + t_h}{2} - t_n\right) \tag{12-1}$$

散热器传热系数 K 可按式（12-2）计算，即

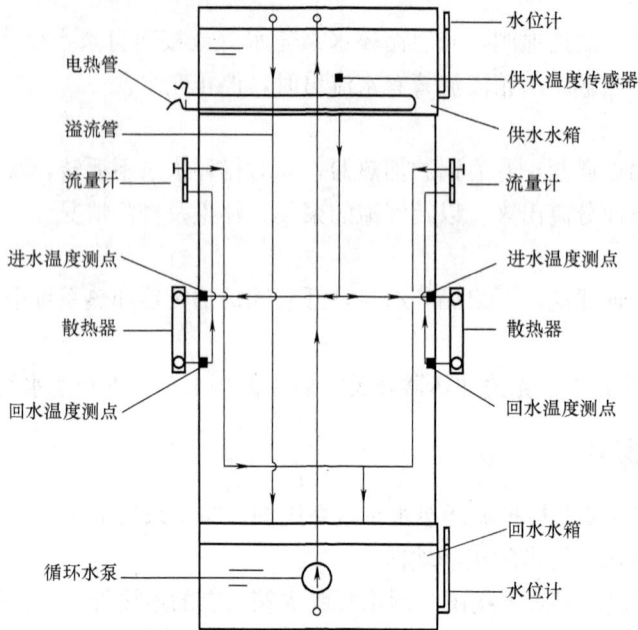

图 12 - 2　散热器热工性能实验装置

$$K = \frac{\rho V c_p (t_g - t_h)}{F\left(\dfrac{t_g + t_h}{2} - t_n\right)} \quad [\text{W}/(\text{m}^2 \cdot ℃)] \tag{12 - 2}$$

式中　ρ——水的密度，kg/m^3，可按流量计中水温查取；

c_p——水的比定压热容，$\text{J/(kg} \cdot ℃)$，可按散热器内热水平均温度查取；

F——所测散热器的散热面积，m^2，已知 $F = 2.15\text{m}^2$；

V——散热器内热水体积流量，m^3/s；

t_g——散热器供水温度，℃；

t_h——散热器回水温度，℃；

t_n——室内空气温度，℃。

实验时，要在系统稳定工况下采集数据，在该实验装置条件下，如果同一测点的显示温度在 1min 内波动值都不大于 0.3℃，且流量计中浮子无明显波动，则可认为属稳定工况范围，所采集的数据是有效的，否则应等工况稳定后再测。

所采集的一组数据，包括散热器供水温度、散热器回水温度、室内空气温度和水流量应尽量同时取得，要求一组数据采集的时间间隔不超过 1min。

为了整理散热器传热系数 $K = f(\Delta t)$ 的关系式，需要在散热器内热水流量保持不变，且散热器热水与室内空气平均温差 Δt 不同的工况下采集数据，工况的转换可通过调高或调低供水温度实现。该实验要求每个实验小组进行两种供水温度加热设置的测试，每种取 3 组有效数据，若条件方便，也可多进行几种测试。

四、实验步骤

（1）向回水水箱充水，待回水水箱有适量水后，开动循环水泵。

（2）当供水水箱溢流管有溢流时，停止充水，循环水泵继续运行。

（3）设置电加热器的加热供水温度，打开电加热器开关加热供水。

（4）开启流量计阀门，把流量调整到选取的值。

（5）系统运行一段时间接近稳定工况后，可微调设置的电加热器的加热温度，使系统较快达到温度工况。

（6）在稳定工况下采集有关数据。

（7）改变系统运行工况时，可另行设置电加热器的加热温度，一般使供水温度提高或降低 10℃ 左右。而流量在实验中保持不变，系统运行一段时间达到稳定工况后，再采集有关数据。

（8）实验结束时，先关闭电加热器电源开关和流量计阀门，再停运循环水泵。

五、实验注意事项

（1）该实验装置中的两组测试系统共用一套供水水箱、回水水箱、电加热器和循环水泵，因而实验时两组测试系统需同时启停循环水泵和电加热器，需设置相同的供水温度和同时调整实验工况，以免互相干扰。

（2）供水温度加热最高设定值为 90℃。供水水箱水位在安全范围时，方可开启电加热器加热。

六、实验数据处理

（1）把采集和计算的数据记录在表 12-1 中。

表 12-1　　　　　　　　　　散热器热工性能实验数据记录表

序号	供水温度 t_g（℃）	回水温度 t_h（℃）	室内空气温度 t_n（℃）	热水体积流量 V（m³/s）	水的密度 ρ（kg/m³）	水的比定压热容 c_p [J/(kg·℃)]	传热温差 $\Delta t=\dfrac{t_g+t_h}{2}-t_n$（℃）	传热系数 $K=\dfrac{\rho V c_p (t_g-t_h)}{F\left(\dfrac{t_g+t_h}{2}-t_n\right)}$ [W/(m²·℃)]
1								
2								
3								

（2）把散热器传热系数 $K=f(\Delta t)$ 的关系式，用平均法整理成该实验条件下 $K=a(\Delta t)^b$ 的形式（式中 a、b 为由实验确定的常数）。

七、思考题

仅从提高实验测试精确度方面考虑，该实验所使用的装置和方法在哪些方面需要改动，具体如何改动？

单元十三 制 冷 技 术

实验一 制冷压缩机性能实验

一、实验目的

通过实验了解压缩机制冷系统的组成及原理，熟悉制冷系统的操作规程和工况调节方法，学会采用具有第二制冷剂的电量热器法测定压缩机制冷系统的制冷量，掌握压缩机的特性。

二、实验装置

测定压缩机制冷系统制冷量的实验台，如图 13-1 所示，由电量热器、制冷系统、水系统三部分组成。

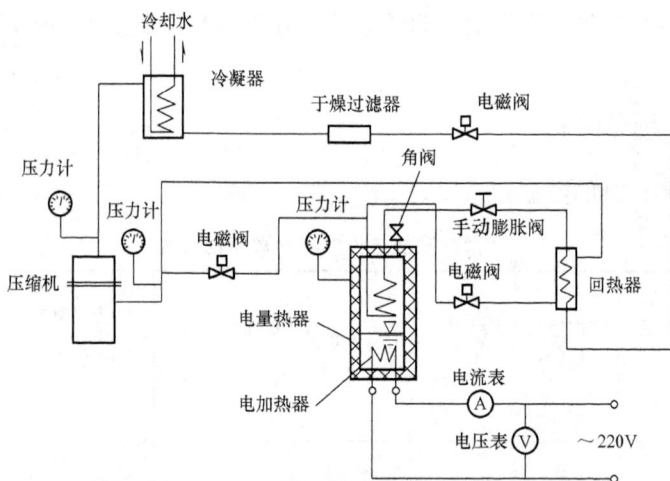

图 13-1 测定压缩机制冷系统制冷量的实验台

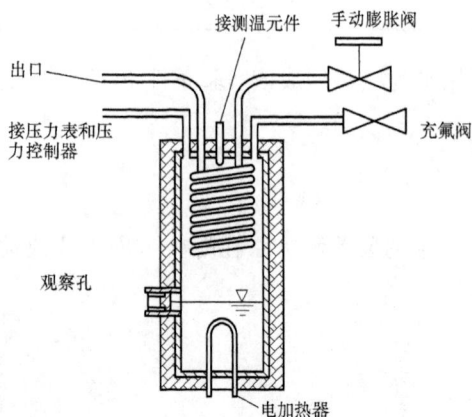

图 13-2 电量热器原理图

电量热器法是间接测量压缩机制冷量的一种装置。它的基本原理是利用电量热器发出的热量来抵消压缩机的制冷量，从而达到平衡。电量热器是一个密闭容器，如图 13-2 所示。电量热器的顶部装有蒸发器盘管，底部装有电加热器，浸没于一种容易挥发的第二制冷剂（常用的 R11、R12，该装置采用 R11）中，实验时，接通电加热器，加热第二制冷剂，使之蒸发。第二制冷剂饱和蒸汽在顶部蒸发盘管被冷凝，又重新回到底部，而蒸发盘管中的低压液态制冷剂被第二制冷剂蒸汽加热而汽化，返回制冷压缩机。实验仪器在实验工况下达到稳定运行时，供给电加热器的电功率正好抵消制冷量，从而使第二制冷剂的压力保持不变。

为了控制第二制冷剂的液面，在电量热器的中间部位装有观察玻璃孔。电量热器上装有压力控制器，它与加热器的控制电路相连接，防止压缩机停机后加热器继续加热，使电量热器内压力升高到危险程度。

三、实验原理

（1）压缩机制冷量

$$Q_0 = P \times \frac{i_2' - i_7'}{i_7 - i_5} \times \frac{v_1}{v_1'} \quad (\text{W}) \tag{13-1}$$

式中　P——供给电量热器的功率，W；

i_2'——在规定吸气温度、吸气压力下，制冷剂蒸汽的焓值，kJ/kg；

i_7'——在规定过冷温度下，节流阀前液体制冷剂的焓值，kJ/kg；

i_7——在实验条件下，离开蒸发器的制冷剂蒸汽的焓值，kJ/kg；

i_5——在实验条件下，节流阀前液态制冷剂的焓值，kJ/kg；

v_1——在压缩机实际吸气温度、吸气压力下，制冷剂蒸汽的比体积，m^3/kg；

v_1'——在压缩机规定吸气温度、吸气压力下，制冷剂蒸汽的比体积，m^3/kg。

（2）冷凝器的热负荷计算

$$Q_N = G_N \times c_p \times (t_{10} - t_9) \tag{13-2}$$

式中　G_N——冷凝器水流量，kg/s；

t_9——冷凝器进水温度，℃；

t_{10}——冷凝器出水温度，℃；

c_p——水的比定压热容，kJ/(kg·℃)。

（3）压缩机的输入功率测定

$$P_{YS} = U_1 I_1 \quad (\text{kW}) \tag{13-3}$$

式中　U_1——封闭压缩机的输入电压，V；

I_1——封闭压缩机的输入电流，A。

（4）效能比 EER

压缩机效能比
$$EER = \frac{Q_0}{P_{YS}} \tag{13-4}$$

四、实验步骤

（1）接通电源，打开有回热电磁阀或无回热电磁阀。

（2）打开冷却水阀门，向冷凝器提供一定的水量。

（3）按下压缩机开启按钮，压缩机开始工作，并检查手动膨胀阀是否开启；检查制冷系统各部件运转情况，观察排气压力、吸气压力及电量热器内压力的变化。

（4）电量热器投入运行。面板上绿色加热器按钮按下时，可调加热器接通，调节调压器可调节加热量，然后接通固定加热器。按下红色按钮，两个加热器均断开。实验前，应先检查调压器是否在零位，若不在零位，应调在零位。接通电加热器电源，调节手动调节阀，由关闭逐渐开启，速度不要过快，应观察电量热器压力计的数值。

（5）调节稳定工况。先调节手动膨胀阀，使吸气压力、排气压力达到一定值后，通过调压器调节电加热器的加热量，观察电量热器压力计的数值变化。压力增加，说明加热量大，需减小加热量，减小调压器的数值；压力减小，说明加热量小，需增大加热量，加大调压器的数值。通过调压器的调节，使压力计数值稳定不变。若可调加热器的加热量不够，再投入固定加热器。方法是：先将可调加热器调到零，然后打开固定加热器，再慢慢加大可调加热器。

（6）工况稳定后，观察并记录实验数据，测定该工况下的吸气压力、排气压力、电量热器内压力、吸气温度、排气温度、冷凝器入口温度、冷凝器出口温度、回热器入口温度、节流阀前温度、电量热器出口温度、电量热器气体温度、电量热器输入电流和电压、压缩机输入电流和电压、冷却水流量、冷却水入口温度、冷却水出口温度。

（7）实验结束后，先关闭加热器和压缩机开关，5min 后再关闭冷却水阀门和实验台电气总开关，最后切断总电源。

五、实验数据处理

实验结束，记录如下数据：

排气温度 $t_1 =$	冷凝器入口温度 $t_2 =$
冷凝器出口温度 $t_3 =$	回热器入口温度 $t_4 =$
节流阀前温度 $t_5 =$	电量热器温度 $t_6 =$
电量热器出口温度 $t_7 =$	吸气温度 $t_8 =$
冷凝器进水温度 $t_9 =$	冷凝器出水温度 $t_{10} =$
冷凝器水流量 $G_N =$	电量热器内压力 $p =$
蒸发（吸气）压力 $p_o =$	冷凝（排气）压力 $p_k =$
封闭压缩机的输入电流 $I_1 =$	封闭压缩机的输入电压 $U_1 =$
电量热器的输入电流 $I_2 =$	电量热器的输入电压 $U_2 =$

规定条件下：

蒸发温度 $t_1' = -15℃$	吸气温度 $t_2' = +15℃$
排气温度 $t_3' = +30℃$	过冷温度 $t_4' = +25℃$

实验二　制冷制热系统运行实验

一、实验目的

（1）熟悉空调系统的组成及各组成部件的作用。

（2）通过空调、冰箱系统运行实验，对运行工作的系统进行全面、详细地观察。根据制冷原理掌握系统工作流程、热力过程及各热力过程所需设备、系统的转化方法。

二、实验装置

空调装置由压缩机、四通换向阀、冷凝器、毛细管、蒸发器组成。冰箱装置由压缩机、冷凝器、毛细管、蒸发器组成。

三、实验原理

制冷制热系统的工作原理是使制冷剂在压缩机、冷凝器、膨胀阀和蒸发器等热力设备中进行压缩、放热、节流和吸热四个主要热力过程，完成制冷循环，如图 13-3 所示。

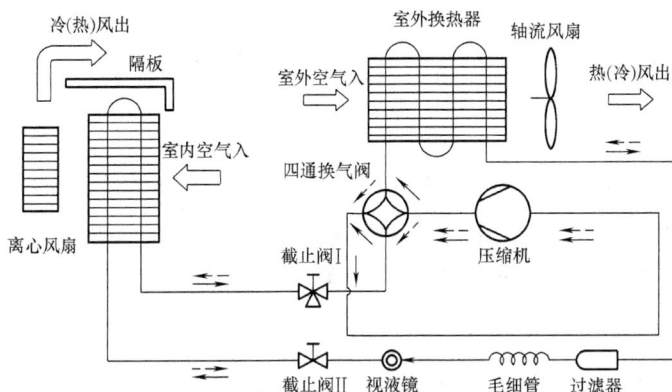

图 13-3 制冷制热系统原理
——制冷工况；-----制热工况

四、实验步骤

（1）接通电源。

（2）按下空调四通阀按钮，空调处于制冷状态。

（3）按下压缩机开启按钮，压缩机、冷凝器和蒸发器应运行。

（4）待系统基本稳定后，进行数据记录：环境温度、排气温度、冷凝温度、蒸发温度、吸气温度以及高压管路压力和低压管路压力。

（5）实验数据记录完毕，按下压缩机关闭按钮，压缩机停止工作，过 5min 后拉出四通阀按钮，空调处于制热状态。然后重新按下压缩机开启按钮，观察系统运行情况。

五、实验故障判断及处理

实验故障判断及处理情况记录在表 13-1 中。

表 13-1   实验故障判断及处理情况记录表

序号	故障现象	处理方法
1		
2		
3		
4		
5		
6		
7		
8		

六、实验报告要求

（1）在系统图上画出空调制冷、制热流程图。

（2）说出组成制冷系统主要设备的作用。

单元十四　空　气　调　节

实验一　风机盘管空调器制冷量的测定实验

一、实验目的

(1) 掌握风机盘管空调器热工性能的测试方法。

(2) 通过实际测量，在制冷量—风量（Q-L）图上绘出冷量随风量变化的曲线。

二、实验装置

实验装置采用风机盘管空调器制冷量测定实验装置，如图 14-1 所示。

风机盘管空调器制冷量测定实验装置由以下几部分组成：

(1) 恒温恒湿小室。空气处理机组（表面冷却器、风机、电加热器、加湿器）、空气干湿球温度取样测量装置、被测设备安装台与冷热水管路、被测设备电源与电参数测量装置等。

(2) 风路测量系统。静压室、混合室、排气室、空气混合装置、空气干湿球温度取样测量装置、流量测量喷嘴、调风门以及辅助风机等。

(3) 冷热源系统。制冷系统、制热水系统、各种水泵与冷热水流量测量控制系统等。

(4) 检测与控制系统。微机热工参数检测与电气设备控制柜、各种电信号传感仪表、电子计算机显示与数据处理系统等。

三、实验原理

风机盘管空调器风侧的冷量按式（14-1）计算，即

$$Q = L(h_1 - h_2)/v_n'(1+d) \quad \text{(W)} \qquad (14-1)$$

$$v_n' = p_0 v_n / p(1+d) \qquad (14-2)$$

$$v_n = 4.61(273 + t_2)(0.622 + d)/p_0 \qquad (14-3)$$

式中　L——风量，m^3/s（可根据喷嘴前后的压差求出）；

h_1——进入风机盘管的焓值，kJ/kg（干空气）；

h_2——离开风机盘管的焓值，kJ/kg（干空气）；

d——喷嘴进口处湿空气的含湿量，kg/kg（干空气）；

v_n'——喷嘴进口处湿空气的比体积，m^3/kg（湿空气）；

p_0——标准大气压，Pa；

p——在喷嘴进口处的空气绝对压力，Pa；

t_2——离开风机盘管的空气干球温度，$℃$。

通过测量进入、离开风机盘管空调器的参数及喷嘴的静压差，计算出空气量，进而求出制冷量。

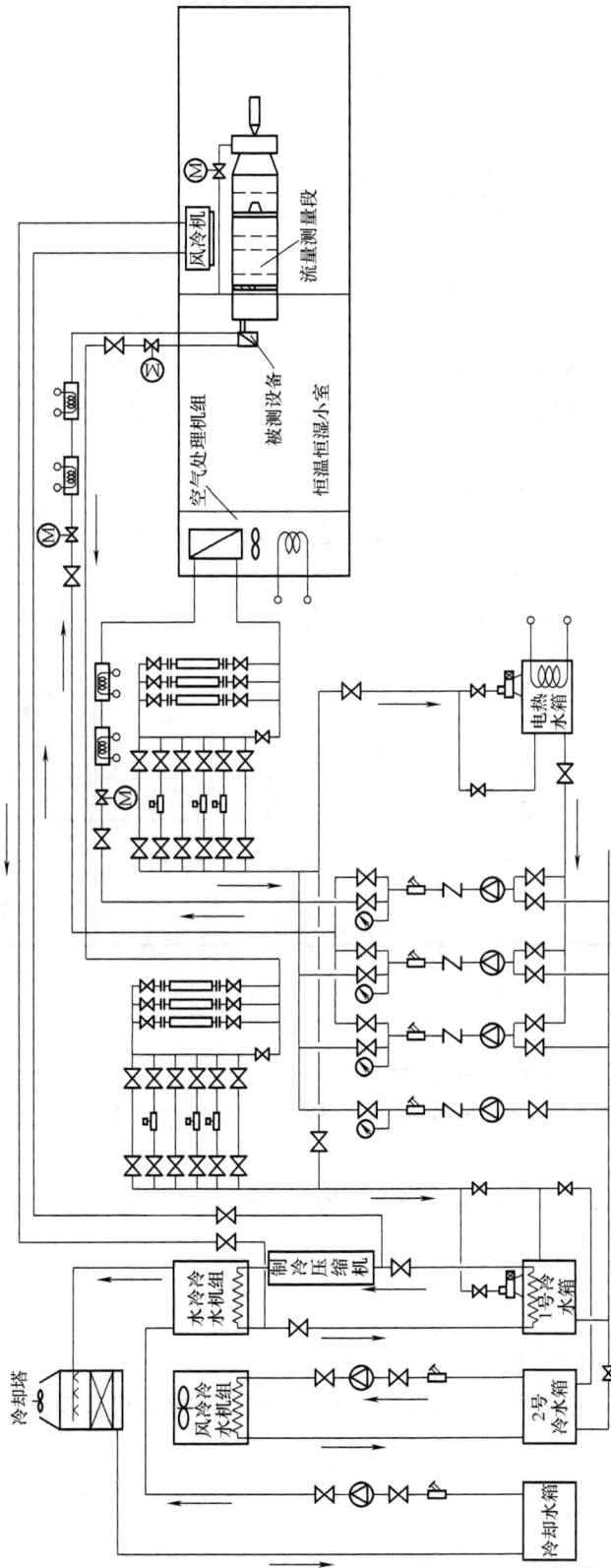

图 14-1 风机盘管空调器制冷量测定实验装置

四、实验方法和数据处理

（1）认真做好实验前的准备工作。

（2）接通电源，启动风机、制冷机，待系统运行稳定后测量以下参数：

1）室内空气的干球温度、湿球温度。

2）风机盘管前后的冷冻水的温度。

3）冷冻水流量。

4）风机盘管空调器前后的干、湿球温度。

5）喷嘴前后的压差。

6）喷嘴进口处的空气绝对压力。

（3）调整风机风门，改变风量，待系统运行稳定后，再次记录上述 4）～6）各项。实验测试数据记录表见表 14-1。

（4）根据喷嘴前后的压差求出风量。

（5）根据风机盘管前后空气的干、湿球温度，查出相应的焓值及其他参数。

（6）求出风机盘管的制冷量。

（7）整理记录数据，在 Q-L 图上绘出风机盘管空调器制冷量随风量变化的曲线。

表 14-1　　　　　　　　　　　实验测试数据记录表

参数单位	I	II	III	IV	备注
风机盘管前的干球温度（℃）					
风机盘管前的湿球温度（℃）					
风机盘管后的干球温度（℃）					
风机盘管后的湿球温度（℃）					
喷嘴前后的压差（Pa）					

五、思考题

（1）风机盘管空调器水侧制冷量如何计算？

（2）随着冷冻水温度的变化，风机盘管空调器的制冷量是否变化？

实验二　风机盘管空调器水侧阻力的测定实验

一、实验目的

（1）掌握风机盘管空调器水侧阻力的测定方法。

（2）通过实际测量，在阻力—水流量（H-Q）图上绘出风机盘管空调器水侧阻力与水流量之间的关系曲线。

二、实验装置

风机盘管空调器水侧阻力测定实验装置如图 14-2 所示，该装置使用 U 形管差压计、转子流量计测量各参数。

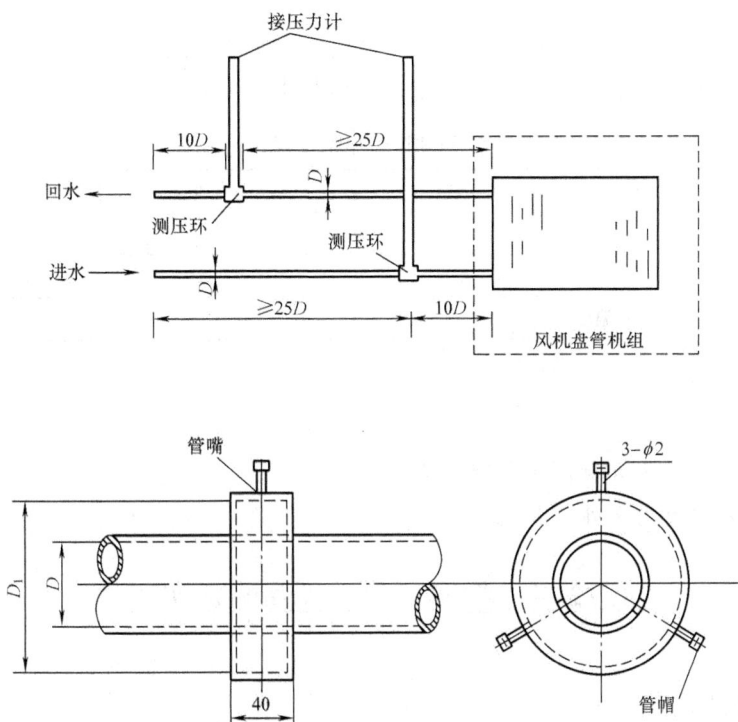

图 14 - 2　风机盘管空调器水侧阻力测定实验装置

图 14 - 2 所示各尺寸见表 14 - 2。

表 14 - 2　　　　　　　　　　　　　　　　　尺 　寸 　表

D	15	20	25	32	40
D_1	25	22	40	50	50

三、实验原理

在风机盘管空调器结构一定的条件下，其水侧阻力是水流速度的函数，即 $H = f(v)$。而水流速度 v＝水流量 Q/管道断面积 F，所以 $H = f(Q)$。通过流量计测出冷冻水流量 Q，就可以得到 $H = f(Q)$ 的具体表达式。应注意风机盘管的水阻力等于两个测压环之间的压降减去测压环与风机盘管之间水管的压降。

四、实验方法和数据处理

（1）认真做好实验前的准备工作。

（2）接通电源，启动制冷机、冷却塔等，待系统冷冻水温度低于 12℃并运行稳定后记录以下数据：

1）流量计的读数。

2）差压计的读数。

（3）调整冷冻水阀门，待系统稳定后再次记录流量计和差压计的读数。实验测试数据记录表见表 14-3。

（4）根据冷冻水体积流量及冷冻水密度，求出冷冻水质量流量。

（5）整理记录数据，在 H-Q 图上绘出水阻力与水流量的关系曲线。

表 14-3   实验测试数据记录表

仪表名称	参数	单位	Ⅰ	Ⅱ	Ⅲ	Ⅳ	备注
U 形管差压计	压差	mmHg					
转子流量计	流量	m³/s					
冷冻水温度计	冷冻水温度	℃					

五、思考题

（1）风机盘管空调器水侧阻力与哪些因素有关？

（2）如何减小风机盘管水侧阻力？

实验三　空调工程实验与测定实验

一、实验目的

通过实验了解测定室内气象条件各参数时常用的仪器仪表，并掌握测定方法，对某一个室内的气象条件做出评价。

二、实验装置和仪器

以集中空调系统或局部空调系统调节的实际建筑房间或模拟空间为测定对象，一般要求，夏季：室内温度 $t=26\sim28$℃、相对湿度 $\varphi=40\%\sim60\%$；冬季：室内温度 $t=18\sim22$℃、相对湿度 $\varphi\geq35\%$，并应有一定的气流组织设计，室内具有一定的热设备等。

因净化系统的复杂性，实验中暂不测定空气的洁净度。

实验用仪器包括玻璃水银温度计、卡他温度计、智能型脉动风速仪、通风干湿球温度计、叶轮风速仪、单相辐射热计、空盒气压计、秒表等。

三、实验原理

实验在空调房间内进行，测定状态应稳定在允许的范围内，并要求测定工况具有重现性，以便对被测对象给予评价。

四、实验方法和步骤

若无特殊要求，测定应根据设计要求确定工作区，在工作区内布置测点。

一般的空调房间可选择人经常活动的范围（距地面 2m 以下）或工作面（常指距地面 0.5~1.5m 的区域）为工作区，沿房间纵断面间隔 0.5m 设测点；沿房间横断面在 2m 以下，视情况决定若干断面按等面积法（1m²）设测点。

1. 室内空气温度的测定

用分度值为 0.1 的玻璃水银温度计测定。

2. 室内空气相对湿度的测定

用通风干湿球温度计测定。

3. 室内微小气流速度的测定

用智能型脉动风速仪对室内微小气流进行测定。智能型脉动风速仪主要由测头、主机和打印机等组成，其基本测试原理与热球风速仪相同。但该仪器的测头频率响应较高，在选定的测量时间内（400、200、60s），每 1s 取样 1024 次，能够测量室内气流的脉动速度，并在主机的显示屏上可以显示平均风速、标准偏差、置信率为 99% 的风速误差限以及风速有效值。测量值也可由打印机打印输出。此仪器量程有 0～1m/s 和 0～10m/s 两种，可手动切换，在 0～40℃ 温度范围内，仪器精度为 ±2.0%。仪器使用前应在标准风洞内进行标定。利用标定曲线，测量时可得到实际风速的数值。

4. 风口处风速的测定

用叶轮风速仪测定。每项测定内容至少测三次，取平均值作为最终测定结果。

5. 数据处理

将实验原始数据记录记在表 14-4 中。将计算整理数据记在表 14-5 中。

表 14-4　　　　　　　　　　**室内气象条件测定记录表**

测定次数	室内温度 t_n（℃）	干球温度 t（℃）	湿球温度 t_s（℃）	测定时间 τ（s）

表 14-5　　　　　　　　　　**计 算 整 理 数 据 表**

测定次数	室内温度 t_n（℃）	相对湿度 φ（%）	室内微小气流速度 v_2（m/s）	风口风速 v_1（m/s）

五、思考题

（1）实验所用仪表均为常规仪表，它们各有什么特点？还有哪些仪表可以进行该实验中的测定，请简略说明。

（2）当空调房间内空气状态的参数不够稳定时，应怎样完成实验测定？

单元十五　燃气燃烧与应用

实验　燃气灶具热工性能测定实验

民用燃气灶具使用量大、涉及面广、种类繁多，依据国家有关标准进行质量检测，是保证合理用气、安全用气的重要工作。

一、实验目的

测定燃气灶具的热工性能，鉴定燃气灶具是否符合标准；掌握燃气灶具热工性能的测定技术，分析影响因素。

二、实验装置、仪器及设备

实验装置采用烟气分析测量系统，如图 15-1 所示。

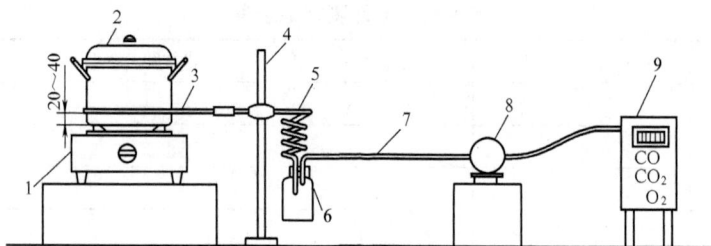

图 15-1　烟气分析测量系统

1—家用燃气灶；2—铝锅；3—烟气取样器；4—调节支架；5—空气冷却器；
6—凝水瓶；7—连接胶管；8—取样泵；9—烟气分析仪

实验仪器及设备包括液化石油气钢瓶、湿式流量计、燃气灶具、燃烧效率分析仪、铝锅等。

三、实验原理

热工性能主要包括额定热负荷、热效率、烟气中 CO 的含量等。

1. 额定热负荷 Q

额定热负荷是燃气灶具在额定压力下、单位时间内燃烧所放出的热量，它表示燃气灶具的加热能力大小，可用式（15-1）计算，即

$$Q = v_r \times H_L \tag{15-1}$$

式中　Q——燃气灶具的热负荷，kW；

v_r——单位时间内燃气发热量，m^3/s（标准状态下）；

H_L——燃气的低位发热量，kJ/m^3（标准状态下）。

燃气流量与燃气灶具的灶前压力有关，目前，国内民用燃气灶具采用额定灶前压力：

液化石油：$H = 2.8kPa$

天然气：$H = 2.0\text{kPa}$

焦炉煤气：$H = 0.8\text{kPa}$

测定中燃气流量是由测得的时间和计量表的读值表示的，其计算的体积尚需修正成标准体积，所以实测热负荷可表示为

$$Q = \frac{F(V_2 - V_1)fH_L}{\tau} \quad (\text{kW}) \tag{15-2}$$

式中　V_1、V_2——流量计的初、终读值，m^3；

　　　　τ——计量时间，s；

　　　　f——流量计的校正系数；

　　　　F——体积折算系数。

$$F = \frac{B + p - p_s}{101\ 325} \times \frac{273}{273 + t} \tag{15-3}$$

式中　B——工作环境的大气压力，Pa；

　　　　p——流量计上的燃气压力，Pa；

　　　　p_s——燃气温度对应的饱和水蒸气压力，Pa；

　　　　t——环境温度，℃。

2. 热效率

热效率表明热能的利用率，是指被加热物体实际吸收的热量与燃气燃烧放出热量的比值，即

$$\eta = \frac{cW\Delta t}{VH_L} \times 100\% \tag{15-4}$$

式中　η——燃气灶具的热效率，%；

　　　　W——被加热水的质量，kg；

　　　　c——水的比热容，$c = 4.18\text{kJ}/(\text{kg} \cdot \text{C})$；

　　　　V——燃气耗量，m^3（标准状态下）；

　　　　H_L——燃气的低位发热量，kJ/m^3（标准状态下）。

用流量计测量燃气量，仍需修正。

水作为被加热物体，用薄壁的铝锅作为容器，铝锅被加热时吸收热量忽略不计，铝锅直径大小、加水量多少由热负荷大小确定，见表15-1。

表 15-1　　　　　　　　　　　加入水量表

额定热负荷（kW）	铝锅直径（mm）	加热水量（kg）
1.1	160	1.5
1.4	180	2
1.7	200	3
2.1	220	4
2.5	240	5
2.9	260	6
3.4	280	8
3.9	300	10
4.4	320	12

3. 烟气中 CO 的含量

烟气中 CO 含量的多少，也是衡量燃气灶具优劣的重要指标之一，我国国家标准中规定燃烧废气中 CO 含量不得超过 0.05%（过量空气系数为 1 时）。

四、实验步骤

（1）读取室内温度、大气压力、CO 含量（如很少可忽略不计）。

（2）点燃燃气灶具，调整灶前压力到额定压力，使燃气灶具正常燃烧。

（3）根据燃气灶具热负荷选用适当的铝锅，放入需要的水量并装好温度计和搅拌器。

（4）当燃气灶具燃烧稳定后，把盛水的铝锅放在灶具上，要求铝锅中心对准燃烧器头部中心，烟气取样环要摆平。

（5）启动燃烧效率分析仪。

（6）注视温度计，当温度计上升至室内温度 $+5\text{℃}$ 时为初温，开始读流量计读数 V_1，同时启动秒表。

（7）读取分析仪 CO 读数及 O_2、CO_2 的读数，要求 $O_2 < 14\%$。

（8）读取初温前 5℃，用搅拌器进行搅拌，至终温前 5℃ 也用搅拌器进行搅拌直到温度达到终温时为止（要求加热温度差 $\Delta t = 50\text{℃}$），读取流量计读数 V_2，同时停秒表，得时间 τ。

（9）重复上述过程，进行第二次实验。

五、实验数据处理

（1）计算折算系数。

（2）记录计算数据。

（3）误差判定。

1）热效率误差：$\dfrac{\text{大值} - \text{小值}}{\text{平均值}} \leqslant 0.05$，合格。

2）热负荷误差：$\dfrac{\text{实测值} - \text{设计值}}{\text{设计值}} \leqslant 0.1$，当误差大于此判断值时，重做实验。

单元十六　制冷与低温原理

实验一　一机两库测试实验

一、实验目的

一机两库是小型冷库工程中常见的系统形式。通过该实验，使学生掌握以下内容：

(1) 一机两库制冷工艺流程，即演示一个机组是如何给两个不同温度要求库体供应冷液的。

(2) 一机两库制冷系统的理论循环。

(3) 高温库与低温库库温控制方法。

(4) 实验时，一机两库的运行状态测试。

二、实验装置

一机两库实验装置如图 16-1 所示，它主要由制冷压缩机、风冷冷凝器、干燥过滤器、高压储液器、高低温库节流阀、高低温库库顶盘管、测试仪表和附件组成。该装置所用的制冷剂为 R22。

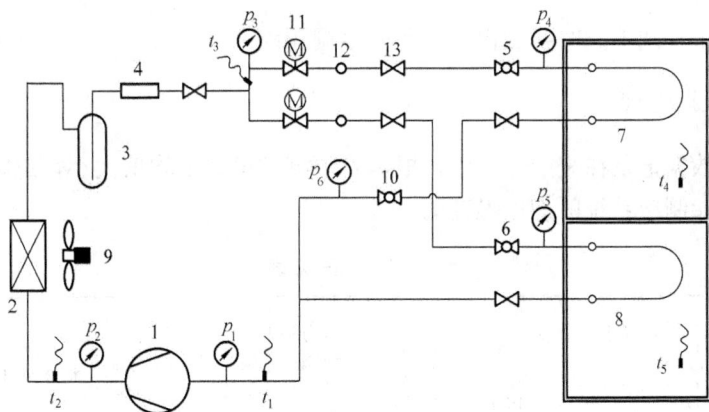

图 16-1　一机两库实验装置

1—制冷压缩机；2—风冷冷凝器；3—高压储液器；4—干燥过滤器；5—高温库手动调节阀；
6—低温库手动调节阀；7—高温库库顶盘管；8—低温库库顶盘管；9—风机；10—手动压力
平衡阀；11—电磁阀；12—示镜；13—截止阀；p_1—吸气压力；p_2—排气压力；
p_3—高压液态制冷剂压力；p_4—高温库蒸发压力；p_5—低温库蒸发压力；
p_6—高温库平衡阀后制冷剂压力；t_1—吸气温度；t_2—排气温度；
t_3—高温液态制冷剂温度；t_4—高温库温度；t_5—低温库温度

三、实验原理

一机两库制冷剂循环原理如图 16-2 所示。

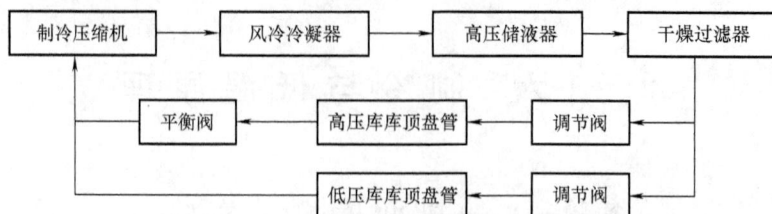

图 16-2　一机两库制冷剂循环原理

四、实验步骤

（1）检查系统上截止阀是否开启，手动调节阀是否关闭。

（2）开启制冷压缩机。

（3）调节高温库的手动调节阀的开度，以达到高温库所要求的蒸发温度对应的饱和压力。

（4）调节手动压力平衡阀的开度，使压力 p_6 等于低温库所要求的蒸发温度对应的饱和压力。

（5）调节低温库的手动调节阀的开度，以达到低温库所要求的蒸发温度对应的饱和压力。

（6）待库温稳定后，读取各压力计和温度计数值，并记录在表 16-1 中。每 15min 记录一次，共记录 4 次。

注意：调节手动调节阀时要缓慢，以免发生湿压缩。

五、实验数据处理

将实验所测数据记录在表 16-1 中，根据表中测试值的平均值大小，忽略管路等各项损失，绘制一机两库制冷系统的理论循环图。

表 16-1　　　　　　　　　实 验 数 据 记 录 表

序号	吸气压力（kPa）	排气压力（kPa）	高温液态制冷剂压力（kPa）	高温库蒸发压力（kPa）	低温库蒸发压力（kPa）	压力平衡阀后压力（kPa）	吸气温度（℃）	排气温度（℃）	高压液态制冷剂温度（℃）	高温库温度（℃）	低温库温度（℃）
1											
2											
3											
4											
平均											

六、思考题

气态制冷剂由高温库库顶盘管出来，为什么要设置压力平衡阀？

实验二 制冷热泵循环演示实验

一、实验目的

（1）熟悉制冷热泵系统的组成及各组成部件的作用。

（2）对运行工作的制冷热泵循环演示系统进行全面、详细地观察，根据制冷原理掌握系统工作流程、热力过程及各热力过程所需设备、系统的转换方法。

（3）测定演示系统工作时的所有参数，计算出制冷量 Q_0、放热量 Q_K。

二、实验装置

实验装置采用热泵实验台，其系统如图 16-3 所示。

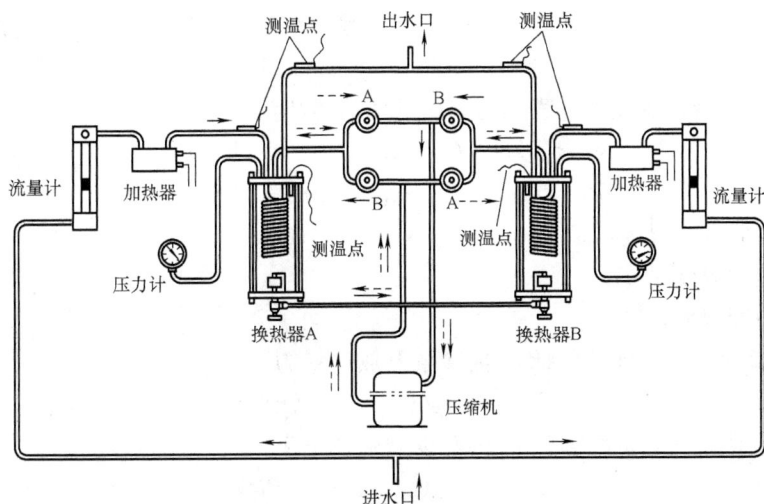

图 16-3 热泵实验台系统

——制冷；-----制热

三、实验步骤

（1）接通电源。

（2）打开两转子流量计阀门，向换热器 A 、B 提供一定的水量，判断换热器 A、B 是蒸发器还是冷凝器。

（3）按下压缩机开启按钮，压缩机、蒸发器和冷凝器应运行，观察蒸发和冷凝现象并注意以下事项：

1）运行时蒸发压力为负压、冷凝压力为 0～0.1MPa 属正常，注意冷凝器内的压力最大不能超过 0.2MPa。

2）制冷剂在蒸发器中产生低压，在冷凝器中产生高压。

3）在蒸发器中，可看到制冷剂在低温下沸腾，吸收盘管内水的热量，因此水被冷却，此时的水称为冷冻水。

4）在冷凝器中，制冷剂在高温下冷凝液化，放出热量被盘管内的水吸收，盘管内水的温度升高，此时的水称为冷却水。

5）水温过低时，蒸发器内制冷剂的蒸发效果不明显，可将加热器打开，以增加蒸发器的进水温度。

（4）待系统基本稳定后，进行实验数据记录：环境温度、蒸发温度、冷凝温度、换热器（A、B）的进出水温度及流量等参数。为提高测试的准确性，可每隔 10min 测读一组数据，连续测读 4 次。

（5）实验数据记录完毕后，按下压缩机关闭按钮，压缩机停止工作，过 5min 后改变四通换向阀的方向后再重新按下压缩机开启按钮，然后观察原蒸发器和冷凝器内的变化情况。

（6）实验结束后，先关闭压缩机，过 5min 后再关闭供水阀门，切断电源。

（四）实验数据处理

为了便于观察制冷剂的工作状态变化，演示系统中的冷凝器、蒸发器外壳是透明的，未加保温，这样其表面与周围环境就有传热存在，因此制冷设备与周围环境之间产生的传热量在计算中应予以考虑。

经标定，冷凝器、蒸发器外表面与周围环境的传热量为

冷凝器 $\qquad q_c = 0.8 \times (t_c - t_a) \times 10^{-3}$ （kW） $\qquad$ （16-1）

蒸发器 $\qquad q_e = 0.8 \times (t_a - t_e) \times 10^{-3}$ （kW） $\qquad$ （16-2）

式中 t_a——实验环境温度，℃；

$\qquad t_e$——蒸发温度，℃；

$\qquad t_c$——冷凝温度，℃。

冷凝器盘管放热量，即不包括 q_c 的冷凝器放热量为

$$Q_c = m_c c_p (t_4 - t_3) \quad \text{（kW）} \qquad （16-3）$$

蒸发器盘管吸热量，即不包括 q_e 的蒸发器吸热量为

$$Q_e = m_e c_p (t_1 - t_2) \quad \text{（kW）} \qquad （16-4）$$

式中 m_e、m_c——冷冻水、冷却水流量，kg/s；

$\qquad t_1$、t_2——冷冻水进、出口温度，℃；

$\qquad t_3$、t_4——冷却水进、出口温度，℃；

$\qquad c_p$——水的比定压热容，kJ/(kg·℃)。

因此，冷凝器放热量，即在冷凝器侧制冷剂的放热量为

$$Q_K = Q_c + q_c \quad \text{（kW）} \qquad （16-5）$$

蒸发器制冷量，即在蒸发器侧制冷剂的吸热量为

$$Q_0 = Q_e + q_e \quad \text{（kW）} \qquad （16-6）$$

将实验所测数据记录在表 16-2 中。

表 16-2 实验数据记录表

序号	t_a	t_e	t_c	t_1	t_2	t_3	t_4	m_e	m_c

单元十七　电　机　学

实验一　单相变压器实验

一、实验目的

通过空载和短路实验测定变压器的变压比和参数。

二、预习要点

(1) 变压器空载和短路实验有什么特点。实验中电源电压一般加在哪一方较合适？

(2) 在空载和短路实验中，各种仪表应怎样连接才能使测量误差最小？

(3) 如何用实验方法测定变压器的铁耗及铜耗？

三、实验项目

(1) 空载实验。测取空载特性 $U_0 = f(I_0)$，$P_0 = f(U_0)$。

(2) 短路实验。测取短路特性 $U_K = f(I_K)$，$P_K = f(I_K)$。

四、实验方法

1. 空载实验

空载实验线路如图 17-1 所示，实验用变压器选用主控台上的单相变压器，其额定容量 $P_N = 77W$，$U_{1N}/U_{2N} = 220V/55V$，$I_{1N}/I_{2N} = 0.35A/1.4A$。变压器的低压线圈 a、x 接电源，高压线圈开路。选好所有电能表量程，调压旋钮调到输出电压为零的位置，合上交流电源并调节调压旋钮，使变压器空载电压 $U_0 = 1.2U_{2N} = 66V$，然后逐次降低电源电压，在 $1.2 \sim 0.5U_{2N}$（66~25V）的范围内，测取变压器的 U_0、I_0、P_0，共取 6~7 组数据记录在表 17-1 中。其中，$U_0 = U_{2N} = 55V$ 的点必须测，并在该点附近测的点应密些。为了计算变压器的变压比，在 U_{2N} 以下测取一次电压的同时测出二次电压，同时取 3 组数据记录在表 17-1 中。

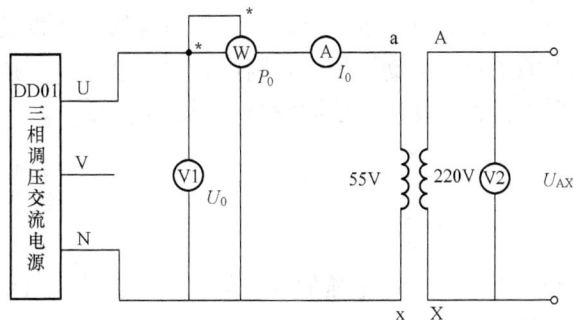

图 17-1　空载实验线路

表 17 - 1 空载实验数据记录表

序号	实验数据				计算数据
	U_0 (V)	I_0 (A)	P_0 (W)	U_{AX} (V)	$\cos\varphi_0$

2. 短路实验

短路实验线路如图 17 - 2 所示，变压器的高压线圈接电源，低压线圈直接短路。选好所

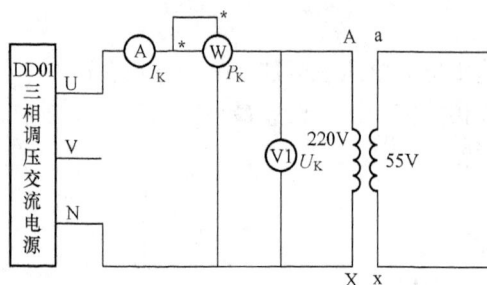

图 17 - 2 短路实验线路

有电能表量程，接通电源前，先将交流调压旋钮调到输出电压为零的位置，接通交流电源，逐次增加输入电压，直到短路电流等于 $1.1I_{1N}$（$1.1I_{1N} = 0.385A$）为止，在 $0.5 \sim 1.1I_{1N}$（$0.175 \sim 0.385A$）范围内测取变压器的 U_K、I_K、P_K，共取 4~5 组数据记录在表 17 - 2 中。其中，$I_K = I_{1N} = 0.35A$ 的点必须测，并记下实验时周围环境温度 θ（℃）。

表 17 - 2 短路实验数据记录表

序号	实验数据			计算数据
	U_K (V)	I_K (A)	P_K (W)	$\cos\varphi_K$

五、注意事项

（1）在变压器实验中，应注意电压表、电流表、功率表的合理布置。

（2）由于所有交流电能量程是自动切换的，因此在实验过程中不必考虑量程问题。

（3）短路实验操作要快，否则变压器线圈发热会引起电阻变化。

六、实验数据处理

1. 计算变化

由空载实验测取变压器的一、二次电压的 3 组数据，分别计算出变压比，然后取平均值作为变压器的变压比 k，即

$$k = U_{AX}/U_{ax} \tag{17-1}$$

2. 绘出空载特性曲线和计算激磁参数

（1）绘出空载特性曲线 $U_0 = f(I_0)$ 和 $P_0 = f(U_0)$。

（2）计算激磁参数。从空载特性曲线上查出对应于 $U_0 = U_{2N} = 55V$ 时的 I_0 和 P_0 值，并由式（17-2）算出激磁参数，即

$$R_m = \frac{P_0}{I_0^2}, \ Z_m = \frac{U_0}{I_0}, \ X_m = \sqrt{Z_m^2 - R_m^2} \qquad (17-2)$$

3. 绘出短路特性曲线和计算短路参数

（1）绘出短路特性曲线 $U_K = f(I_K)$、$P_K = f(I_K)$、$\cos\varphi_K = f(I_K)$。

（2）计算短路参数。从短路特性曲线上查出对应于短路电流 $I_K = I_{1N}$ 时的 U_K 和 P_K 值，由式（17-3）算出实验环境温度为 θ（℃）时的短路参数，即

$$Z_K' = \frac{U_K}{I_K}, \ R_K' = \frac{P_K}{I_K^2}, \ X_K' = \sqrt{Z_K'^2 - R_K'^2} \qquad (17-3)$$

折算到低压侧

$$Z_K = \frac{Z_K'}{k^2}, \ R_K = \frac{R_K'}{k^2}, \ X_K = \frac{X_K'}{k^2} \qquad (17-4)$$

由于短路电阻 R_K 随温度而变化，因此，算出的短路电阻应按国家标准换算到基准工作温度 75℃时的阻值，即

$$R_{K(75℃)} = R_{K\theta} \frac{234.5 + 75}{234.5 + \theta} \qquad (17-5)$$

$$Z_{K(75℃)} = \sqrt{R_{K(75℃)}^2 + X_K^2} \qquad (17-6)$$

式中　234.5——铜导线的常数，若用铝导线常数应改为 228。

阻抗电压

$$U_K = \frac{I_{1N} Z_{K(75℃)}}{U_{1N}} \times 100\% \qquad (17-7)$$

$$U_{KR} = \frac{I_{1N} R_{K(75℃)}}{U_{1N}} \times 100\% \qquad (17-8)$$

$$U_{KX} = \frac{I_{1N} X_K}{U_{1N}} \times 100\% \qquad (17-9)$$

$$I_K = I_{1N} \text{ 时的短路损耗 } P_{KN} = I_{1N}^2 R_{K(75℃)} \qquad (17-10)$$

4. 画等效电路

利用空载和短路实验测定的参数，画出被该变压器折算到低压方的 Γ 型等效电路。

实验二　三相笼型异步电动机的工作特性实验

一、实验目的

（1）用直接负载法测取三相笼型异步电动机的工作特性。

（2）测定三相笼型异步电动机的参数。

二、预习要点

（1）异步电动机的工作特性。

（2）异步电动机等效电路的有关参数及物理意义。

（3）异步电动机的工作特性和参数的测定方法。

三、实验项目

（1）测量定子绕组的冷态直流电阻。

（2）判定定子绕组的首末端。

（3）空载实验。

（4）短路实验。

（5）负载实验。

四、实验方法

1. 测量定子绕组的冷态直流电阻

将电动机在室内放置一段时间，用温度计测量电动机绕组端部或铁芯的温度。当所测温度与冷却介质温度之差不超过2℃时，即为实际冷态。记录此时的温度和测量定子绕组的直流电阻，此阻值即为冷态直流电阻。

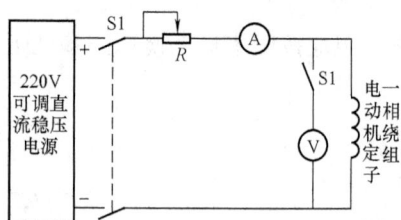

图17-3　定子绕组冷态直流电阻的测定

（1）伏安法。定子绕组冷态直流电阻的测定如图17-3所示。

量程的选择：测量时通过定子绕组的测量电流约为电动机额定电流的10%，即约为50mA，因而直流电流表的量程用200mA挡。三相笼型异步电动机定子一相绕组的电阻约为50Ω，因而当流过的电流为50mA时两端电压约为2.5V，所以直流电压表量程用20V挡。

按图17-3接线，将励磁电流源调至25mA。接通开关S1，调节励磁电流源使实验电流不超过电动机额定电流的10%（以防止因实验电流过大而引起绕组的温度上升），读取电流值，再接通开关S2，读取电压值。读完后，先打开开关S2，再打开开关S1。

每一电阻测量3次，取平均值并记录在表17-3中。

表17-3　　　　　　　　　　　　伏安法实验数据记录表

项目	绕组Ⅰ			绕组Ⅱ			绕组Ⅲ		
I（A）									
U（V）									
R（Ω）									

注意事项：

1）在测量时，电动机的转子需静止不动。

2）测量通电时间不应超过1min。

（2）电桥法。用单臂电桥测量电阻时，应先将刻度盘旋到电桥能大致平衡的位置，然后按下电池按钮，接通电源，等电桥中的电源达到稳定后，方可按下检流计按钮接入检流计。测量完毕，应先断开检流计，再断开电源，以免检流计受到冲击。实验数据记录在表17-4中。

电桥法测定绕组直流电阻准确度及灵敏度较高，并有直接读数的优点。

表 17 - 4　　　　　　　　　　　　　　　**电桥法实验数据记录表**

项目	绕组Ⅰ	绕组Ⅱ	绕组Ⅲ
R（Ω）			

2. 判定定子绕组的首末端

先用万用表测出各相绕组的两个线端，将其中的任意两相绕组串联，施以单相低电压 $U = 80 \sim 100 \text{V}$，注意电流不应超过额定值，测出第三相绕组的电压。如测得的电压有一定读数，则表示两相绕组的末端与首端相连，如图 17 - 4（a）所示。反之，如测得的电压近似为零，则表示两相绕组的末端与末端（或首端与首端）相连，如图 17 - 4（b）所示。用同样的方法测出第三相绕组的首末端。

3. 空载实验

三相笼型异步电动机实验接线图如图 17 - 5 所示，电动机绕组为△接法（额定电压 220V）。

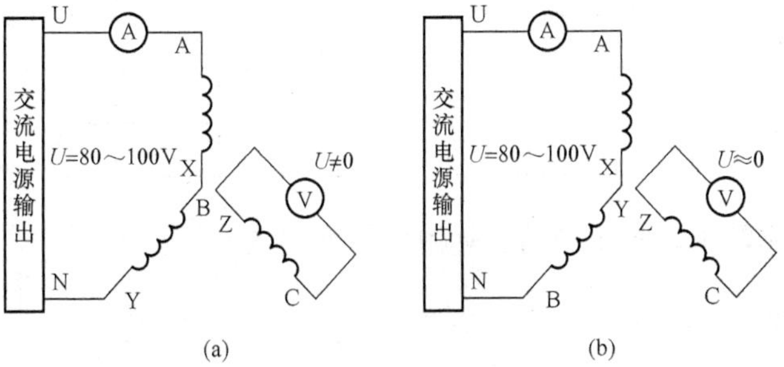

图 17 - 4　三相交流绕组首末端的测定 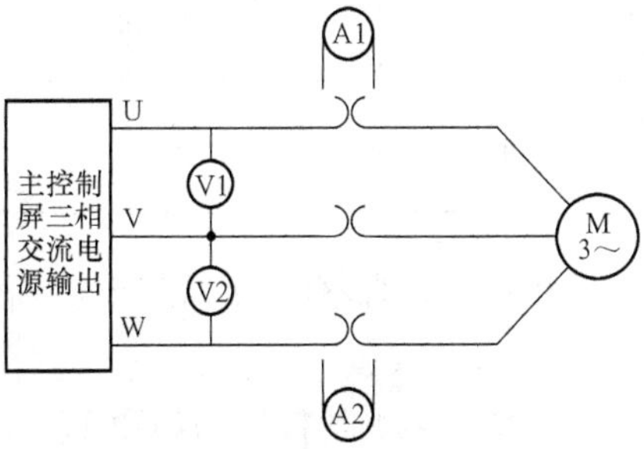　　　　　图 17 - 5　三相笼型异步电动机实验接线图

按图 17 - 5 接线，首先把交流调压器退到零位，然后接通电源，逐渐升高电压，使电动机启动旋转，观察电动机旋转方向，并使电动机旋转方向符合要求。

注意：调整相序时，必须切断电源。保持电动机在额定电压下空载运行数分钟，使机械损耗达到稳定后再进行实验。调节电压由 1.2 倍额定电压开始逐渐降低，直至电流或功率明显增大为止。在此范围内读取空载电压、空载电流、空载功率，共读取 7～9 组数据并记录在表 17 - 5 中。

表 17 - 5　　　　　　　　　　　　　　　**空载实验数据记录表**

序号	U（V）				I（A）				P（W）			$\cos\varphi$
	U_{UV}	U_{VW}	U_{WU}	U_0	I_U	I_V	I_W	I_0	$P_Ⅰ$	$P_Ⅱ$	P_0	$\cos\varphi_0$

注意：空载实验读取数据时，在额定电压附近应多测几点。

4. 短路实验

短路实验测量接线图如图 17 - 5 所示。

把电动机堵住，调压器退至零，合上交流电源，调节调压器使之逐渐升压至短路电流到 1.2 倍额定电流，再逐渐降压至 0.3 倍额定电流为止。在此范围内读取短路电压、短路电流、短路功率，共读取 4～5 组数据并记录在表 17 - 6 中。

表 17 - 6　　　　　　　　　　　　　短路实验数据记录表

序号	U (V)				I (A)				P (W)			$\cos\varphi$
	U_{UV}	U_{VW}	U_{WU}	U_0	I_U	I_V	I_W	I_0	P_{I}	P_{II}	P_0	$\cos\varphi_K$

注意：先观察电动机的转向，再堵住转子，防止制动工具抛出伤害周围人员。

5. 负载实验

负载实验测量接线图如图 17 - 5 所示。

调节调压器使之逐渐升压至额定电压（在做实验时保持电压恒定），校正过的直流电动机先合励磁电压，然后调励磁电流至规定值，再调节负载电阻 R_L，使异步电动机的定子电流逐渐上升，直至电流上升到 1.25 倍额定电流。从此负载开始，逐渐减小负载直至空载，在这个范围内读取异步电动机的定子电流、输入功率、转速、直流电动机的负载电流 I_F（可查对应的 T_2 值）等数据，共读取 5～6 组数据并记录在表 17 - 7 中。

表 17 - 7　　　　　　　　　　　　　负载实验数据记录表

序号	I (A)				P (W)			I_F (A)	T_2 (N·m)	n (r/min)	P_2 (W)
	I_U	I_V	I_W	I_{I}	P_{I}	P_{II}	P_K				

注意：在做负载实验时应保持定子输入电压为额定值，直流电动机的励磁电流为规定值。

五、实验数据处理

(1) 计算基准工作温度时的相电阻。由实验直接测得每相电阻值，此值为实际冷态电阻值。冷态温度为室内温度。按式（17-11）换算到基准工作温度时的定子绕组相电阻为

$$R_{le} = R_{lc} \frac{235 + \theta_{ref}}{235 + \theta_C} \tag{17-11}$$

式中　R_{le}——换算到基准工作温度时定子绕组的相电阻，Ω；

　　　R_{lc}——定子绕组的实际冷态相电阻，Ω；

　　　θ_{ref}——基准工作温度，℃，对于 E 级绝缘为 75℃；

　　　θ_C——实际冷态时定子绕组的温度，℃。

(2) 画出空载特性曲线：I_0、P_0、$\cos\varphi_0 = f(U_0)$。

(3) 画出短路特性曲线：I_K、$P_K = f(U_K)$。

(4) 由空载、短路实验的数据求异步电动机等效电路的参数。

1) 由短路实验数据求短路参数。

短路阻抗　　　　　　　$Z_K = \frac{U_K}{I_K}$ （17-12）

短路电阻　　　　　　　$R_K = \frac{P_K}{3I_K^2}$ （17-13）

短路电抗　　　　　　　$X_K = \sqrt{Z_K^2 - r_K^2}$ （17-14）

式中　U_K、I_K、P_K——由短路特性曲线上查得，相应于 I_K 为额定电流时的相电压、相电流、三相短路功率。

转子电阻的折合值　　　$R_2' \approx R_K - R_1$ （17-15）

定、转子漏抗　　　　　$X_{10}' \approx X_{20}' \approx \frac{X_K}{2}$ （17-16）

2) 由空载实验数据求励磁回路参数。

空载阻抗　　　　　　　$Z_0 = \frac{U_0}{I_0}$ （17-17）

空载电阻　　　　　　　$R_0 = \frac{P_0}{3I_0^2}$ （17-18）

空载电抗　　　$X_0 = \sqrt{Z_0^2 - R_0^2}$ （17-19）

式中　U_0、I_0、P_0——相应于 U_0 为额定电压时的相电压、相电流、三相空载功率。

励磁电抗　　　$X_m = X_0 - X_{10}$ （17-20）

励磁电阻　　　$R_m = \frac{P_{Fe}}{3I_0^2}$ （17-21）

式中　P_{Fe}——额定电压时的铁耗，由图 17-6 确定。

(5) 画出工作特性曲线：P_1、I_1、n、η、s、$\cos\varphi_1 = f(P_2)$。

由负载实验数据计算工作特性，填入表 17-8 中。

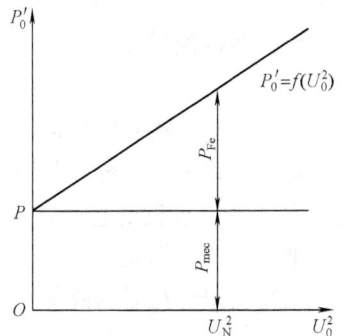

图 17-6　电动机中的铁耗和机械耗

表 17 - 8 负载实验数据计算工作特性表

序号	电动机输入		电动机输出		计算值			
	I_1 (A)	P_1 (W)	T_2 (N·m)	n (r/min)	P_2 (W)	s (%)	η (%)	$\cos\varphi_1$

计算公式为

$$I_1 = \frac{I_A + I_B + I_C}{3\sqrt{3}} \qquad (17 - 22)$$

$$s = \frac{1500 - n}{1500} \times 100\% \qquad (17 - 23)$$

$$\cos\varphi_1 = \frac{P_1}{3U_1 I_1} \qquad (17 - 24)$$

$$P_2 = 0.105 n T_2 \qquad (17 - 25)$$

$$\eta = \frac{P_2}{P_1} \times 100\% \qquad (17 - 26)$$

式中　I_1——定子绕组相电流；

U_1——定子绕组相电压；

s——转差率；

η——效率。

(6) 由损耗分析法求额定负载时的效率。

电动机的损耗有：

铁耗 P_{Fe}

机械损耗 P_{mec}

定子铜耗 $\qquad\qquad P_{Cu1} = 3 I_1^2 R_1 \qquad (17 - 27)$

转子铜耗 $\qquad\qquad P_{Cu2} = \dfrac{P_{ems}}{100} \qquad (17 - 28)$

杂散损耗 P_{ad} 取为额定负载时输入功率的 0.5%。

$$P_{em} = P_1 - P_{Cu1} - P_{Fe} \qquad (17 - 29)$$

式中　P_{em}——电磁功率，W。

铁耗和机械损耗之和为

$$P_0' = P_{Fe} + P_{mec} = P_c - 3 I_0^2 R_1 \qquad (17 - 30)$$

为了分离铁耗和机械损耗，作曲线 $P_0' = f(U_0^2)$，如图 17 - 6 所示。

延长曲线的直线部分与纵轴相交于点 P，点 P 的纵坐标即为电动机的机械损耗 P_{mec}，过点 P 作平行于横轴的直线，可得不同电压的铁耗 P_{Fe}。

电动机的总损耗 $\qquad \sum P = P_{Fe} + P_{Cu1} + P_{Cu2} + P_{ad} \qquad (17 - 31)$

于是求得额定负载时的效率为

$$\eta = \frac{P_1 - \sum P}{P_1} \times 100\% \qquad (17 - 32)$$

六、思考题

（1）由空载短路实验数据求取异步电动机的等效电路参数时，有哪些因素会引起误差？

（2）由短路实验数据可以得出哪些结论？

（3）由直接负载法测得的电动机效率和用损耗分析法求得的电动机效率各有哪些因素会引起误差？

实验三　直流电动机认知实验

一、实验目的

（1）学习电动机实验的基本要求与安全操作注意事项。

（2）认识在直流电动机实验中所用的电动机、仪表、变阻器等组件。

（3）学习并励电动机的接线、启动、改变电动机转向以及调速的方法。

二、预习要点

（1）直流电动机启动的基本要求。

（2）直流电动机启动时，为什么在电枢回路中需要串接启动变阻器？

（3）直流电动机启动时，励磁回路串接的磁场变阻器应调至什么位置？为什么？

三、实验项目

（1）了解 EMSZ-Ⅱ实验台中的直流稳压电源、校正过的直流电动机、变阻器、多量程直流电压、电流表、直流电动机的使用方法。

（2）直流并励电动机电枢串入电阻启动。

（3）改变串入电枢回路电阻或改变串入励磁回路电阻时，观察电动机转速变化情况。

四、实验方法及步骤

（1）由实验指导人员讲解电动机实验的基本要求、安全操作和注意事项。介绍实验装置的使用方法。

（2）仪表和变阻器的选择。仪表的量程是根据电动机的额定值和实验中可能达到的最大值来选择。

1）电压量程的选择。如测量电动机两端为 220V 的直流电压，则所选用直流电压表应为 300V 量程挡。

2）电流量程的选择。因为电动机的额定电流为 1.1A，测量电枢电流的电流表 A1 可选用直流电流表的 5A 量程挡；额定励磁电流小于 0.16A，电流表 A2 选用 200mA 量程挡。

3）变阻器的选择。变阻器选用的原则是根据实验中所需的阻值和流过变阻器最大的电流来确定。

（3）直流并励电动机的启动。直流并励电动机接线图如图 17-7 所示。图中 M 为直流并

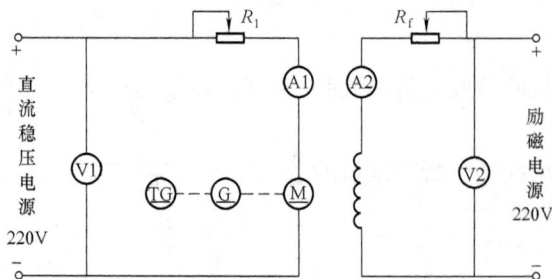

图 17-7　直流并励电动机接线图

励电动机 M03，其额定功率 $P_N = 185W$，额定电压 $U_N = 220V$，额定电流 $I_N = 1.25A$，额定转速 $n_N = 1500r/min$，额定励磁电流 $I_{fN} < 0.16A$。G 为校正过的直流电动机，TG 为测速发电机。直流电压电流表选用 EM-06 或主控屏右侧的直流表，R_1 选用 EM-07 挂箱上电阻值为 100Ω、电流为 $1.22A$ 的变阻器，作为直流并励电动机的启动电阻。R_f 选用 EM-07 挂箱上阻值为 3000Ω、电流为 $200mA$ 的变阻器，作为直流并励电动机励磁回路串接的电阻。线路接好后，检查 M、G 及 TG 之间是否用联轴器直接连接好，电枢电源的电压应调节到约 220V。

（4）并励电动机启动步骤。

1）接好线后检查接线是否正确，电流表和电压表的极性、量程选择是否正确，励磁回路接线是否牢靠。然后将启动电阻 R_1 调到阻值最大位置，磁场调节电阻 R_f 调到最小位置，做好启动准备。

2）将调压器调至零位，打开钥匙开关，主电源面板红色指示灯亮，然后按下绿色按钮，红灯灭，绿灯亮。

3）打开下组件励磁电源开关，观察 M 励磁电流值，再打开 220V 直流稳压电源，按下复位按钮，即对 M 加电枢电压，使电动机启动，电压表和电流表均应有读数。

4）电动机启动后观察转速表指针偏转方向，若不正确，可拨动转速成正、反向开关来纠正。调节电枢电源调压旋钮，使电动机端电压加到 220V。减小启动电阻 R_1 直至短接。

（5）调节并励电动机的转速。分别改变串入电枢回路的调节电阻和励磁回路的调节电阻，观察转速变化情况。

（6）改变电动机的转向。切断电源，将电枢两端或励磁绕组两端接线对调后，启动电动机，观察电动机转向及转速表指针偏转方向。

五、注意事项

（1）电动机在启动前，应使 R_f 放在最小位置，R_1 放在最大位置。

（2）测量前注意仪表的量程、极性及接法是否符合要求。

（3）启动时，先对电动机加励磁电压，观察 A2 表应有电流指示，再加电枢电压使电动机正常启动。

六、思考题

（1）画出直流并励电动机电枢串入电阻启动的接线图。说明电动机启动时，启动电阻 R_1 和磁场调节电阻 R_f 应调到什么位置？为什么？

（2）增大电枢回路的调节电阻，电动机的转速如何变化？增大励磁回路的调节电阻，转速又如何变化？

（3）用什么方法可以改变直流电动机的转向？

（4）为什么要求直流并励电动机磁场回路的接线要牢靠？

单元十八　制冷压缩机

实验　活塞式制冷压缩机整机拆卸与装配实验

一、实验目的

（1）掌握活塞式制冷压缩机拆卸和装配的正确顺序并能实际操作。

（2）了解活塞式制冷压缩机拆卸和装配时的注意事项。

二、实验设备及工具

1. 实验设备

活塞式制冷压缩机整机一台。

2. 实验工具

（1）手工工具：各类扳手若干、尖嘴钳、螺钉旋具、木锤、橡皮锤、吊环等。

（2）材料：煤油、润滑油、棉纱等。

三、实验内容

1. 活塞式制冷压缩机的拆卸基本要求

（1）拆卸的步骤应先上后下、由外及里，先部件后零件。

（2）拆卸形状和尺寸相同的零件，如汽缸、活塞、活塞销、连杆等，应先打上辨明位号和方位的标记，然后拆卸。

（3）拆卸时需压出或打出轴套和销子时，应先辨明击退方向，然后再用铜锤或铜棒间接锤击，以免打毛或打坏零件表面。

（4）拆卸零件时不能用力过猛，当零件不易拆卸时，应查明原因后再进行拆卸，以免损坏零件。

（5）拆卸过程中应定人作业，避免他人代替。

（6）拆下的零件应按精度高低分类摆放，避免碰撞破坏精度。

（7）对于体积小的零件（如滚珠、弹簧等），清洗后要装在主要零件上，以免丢失。

（8）拆下的零件清洗后，必须涂上润滑油或浸泡在油中，防止零件表面生锈。

（9）拆下的洁净的零件应分类摆放在洁净处，并用净物遮盖，以免黏附灰尘。

（10）拆下的开口销不准再用，必须换上新的。

（11）拆下的油管、气管等，经煤油清洗后用压缩空气或氮气吹净，并封好管口。

2. 活塞式制冷压缩机的拆卸顺序

通常采用的顺序如下：

（1）拆掉与压缩机外部相连的各阀门、管道、仪表等。拆卸阀门管道时要注意工作人员的身体及脸部不要正对着管道、阀门的出汽口，以避免余氨（若为氨压缩机）泄漏伤人。拆下的管路应清洗干净并做记号，防止安装时搞乱。

（2）拆卸曲轴箱侧盖。拆下螺母，可将曲轴箱前、后侧盖取下。拆卸曲轴箱后侧盖时要保证侧盖平行放下，以免损伤油冷却器。若曲轴箱侧盖和密封垫片黏牢，可在黏合面中间位置用薄錾子剔开，注意不要损坏垫片。取下曲轴箱侧盖时，要注意人的脸不应对着曲轴箱侧盖的缝隙，以免余氨跑出冲到脸上。然后检查曲轴箱内有无脏物或金属屑等。

（3）拆卸轴封室。首先均匀地松开轴封端盖螺栓，对称留下两只螺母暂不拆下，其余的螺母均匀拧下。用手推住端盖并慢慢取下端盖，然后顺次取出外密封圈、固定环、活动环、内弹性圈、钢圈及轴封弹簧和弹簧座。应注意不要碰伤固定环与活动环的密封面。

（4）拆卸汽缸盖。预先将水管拆下，再把汽缸盖上螺母拆掉。在卸掉螺母时，两边长螺栓的螺母要最后松开。松开时两边同时进行，使汽缸盖弹力平衡升起 2~4mm 时，观察石棉垫片黏到机体部分多，还是黏到汽缸盖部分多。然后用螺钉旋具将石棉垫片铲到一边。若发现汽缸盖弹不起，注意螺母松得不要过多，用螺钉旋具从黏合处轻轻撬开，以防止汽缸盖突然弹出造成事故。然后将螺母均匀地卸下。

（5）拆卸安全弹簧和汽阀组。拆下汽缸盖后，取出安全弹簧，接着取出排汽阀组和吸汽阀片，并注意编号，连同安全弹簧放在一起，便于检查和重装。

（6）拆卸活塞连杆组。首先将曲轴转到适当的位置，用钳子取出连杆大头开口销或铅丝，拆掉连杆螺母。取下连杆大头瓦盖，然后将活塞升至上止点位置，把吊环拧进活塞顶部的螺孔内，利用吊环可将活塞连杆部件轻轻拉出，要防止擦伤汽缸内壁。当活塞连杆部件取出后，再将大头瓦盖合上，防止大头瓦盖编号弄错，以影响装配间隙。取出的活塞连杆部件与配合的汽缸套应是同一编号，再按次序放在支架上并用布盖好。若连杆大头为平剖式结构，可将活塞连杆部件和汽缸套一起拉出。若拉不出，用木棒轻轻敲击汽缸套底部或用木块一端放在曲轴上，而另一端与汽缸套底部接触，这时将曲轴微量转动一下即可拉出。

（7）拆卸汽缸套。先将两只吊环旋进汽缸套顶部的两个对称的螺纹孔内，借助吊环拉出汽缸套。拉出时，要注意汽缸套台阶底部的调整垫片，防止损坏。

（8）拆卸卸载装置（油缸拉杆机构）。预先将油管的连接头拆下。在拆卸机体的卸载法兰时，螺母应对称拆掉，然后将留下的两只螺母均匀地拧出。因里面有弹簧，要用手推住法兰，将螺母拆下后即可取出法兰和油缸活塞。若油缸取不出，可以在机器的吸入腔内用木棒敲击油缸，将油缸、弹簧和拉杆等零件取出。

（9）拆卸油三通阀及粗滤油器。先拆卸油三通阀与油泵体的连接头和油管，再拆下油三通阀（注意六孔盖不能掉下，以免损伤，还要注意其中的垫片层数）。然后取出网式粗滤油器。

（10）拆卸细滤油器和油泵。先拆下细滤油器与油泵的连接螺母，取下片式细滤油器，然后取出内、外转子和传动块。

（11）拆卸后主轴承座。首先将曲柄销用布包好，防止碰伤，再用方木在曲轴箱内把曲轴垫好。将前、后主轴承座连接的油管拆掉，然后拧下后轴承座周围的螺母，用两只专用螺栓拧进后轴承座的螺孔内，把轴承座均匀地顶开，慢慢地将轴承座取出，防止用力过猛卡住而将曲轴带出，放置时防止损坏轴承座的密封平面。

（12）拆卸曲轴。曲轴从后轴承座孔中抽出。抽曲轴时，后轴颈端用布条缠好防止擦伤。曲轴前端面有两个螺孔，用两只长螺栓拧进，再套上适当长度的圆管，以便抬曲轴用。曲轴抽出来放平，注意曲拐部分不要碰伤后轴承座孔。

3. 活塞式制冷压缩机的装配顺序

制冷压缩机的总装配是将各个组件装好的部件逐一装入机体。一台制冷压缩机是由许多零部件组装而成的，整机的性能好坏与每一零部件的材质、加工质量以及技术要求等都有很大关系。仅有合格零部件而没有合格的装配技术也会影响制冷压缩机的性能。因此，装配压缩机时要按照如下的装配顺序，才能保证零部件装得又快又正确。

（1）清洗及氟利昂压缩机的干燥。首先要把各零部件上的铁锈、氧化层、残存型砂及加工毛刺等消除干净，然后用汽油或煤油清洗，再用压缩空气吹干。如为氟利昂压缩机的零部件，最好用烘箱烘干和保存。

（2）检查零部件。对于新压缩机的装配，各种要装配的零部件都必须具有合格证明；若不能确保其合格，应按图纸要求仔细地检查（包括尺寸和形状位置公差、粗糙度、硬度、耐压、平衡以及探伤等）。若发现不合格者，应进行修理或更换。对于修理后的压缩机的装配，应按照检修的要求，对相应的零部件进行检查后再装配。

（3）把零件或组件组装成部件。一台现代高速多缸的制冷压缩机，其零件数量很大，常达数百个，为避免总装时搞乱搞错，提高装配效率，通常是先把它们分别组装成种类不太多的部件或组件。然后再把各部件分别进行调试及检验合格。

（4）把各组件及部件组装成压缩机。压缩机装配顺序通常情况下与拆卸顺序相反。

1）主轴承及支撑法兰的安装。后主轴承的结构如图18-1所示。把后主轴承装入轴承孔，当装入前端面时，要转动后轴套，使凸缘上的定位孔对准端面上的定位销。定位销的作用是防止轴套转动。在盖的端面涂上油，放上橡胶石棉垫片，将后盖推入曲轴箱的后盖孔内，这时即可均匀地拧紧螺钉（不要一次拧紧）。

装入曲轴时，在曲轴的后轴颈上应涂上润滑油，并把它从前盖孔经曲轴箱推入后端轴承孔内，这时再装前端主轴承及前盖。转动曲轴数周，若灵活即可进行下一步工作。前主轴承的结构如图18-2所示。

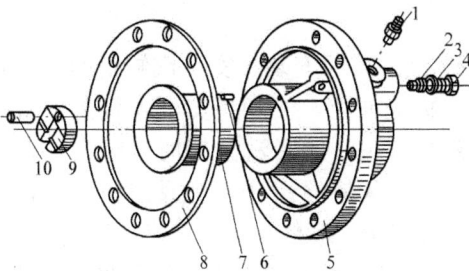

图18-1 后主轴承的结构
1—管接头；2—调节阀芯；3—垫片；4—螺塞；
5—后盖；6—定位销；7—后轴套；8—橡胶石
棉垫片；9—传动块；10—传动销

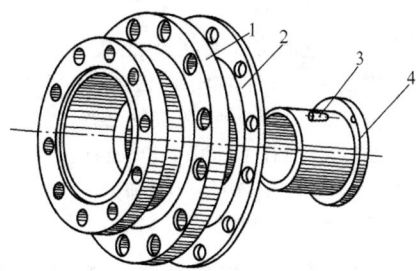

图18-2 前主轴承的结构
1—前盖；2—橡胶石棉垫片；3—定位销；
4—前轴套

2）油泵的安装。油泵安装时，必须将油泵主动轴的端头插入曲轴端头偏心传动块的槽内。装上油泵后，必须转动曲轴数周。安装时应事先在橡胶石棉垫片上打好油孔和油压调节孔，此时要注意端盖的密封垫片不宜太厚。

3）粗滤油器及油三通阀的安装。安装时，先装上粗滤油器，然后装上密封垫片，最后装上油三通阀，装油三通阀时要注意与油泵相连接的油管的位置。

4）卸载装置的安装。首先将拉杆套入油缸孔内，装上弹簧拧上带垫圈的螺钉，再在油缸外套上密封垫，然后逐个对号入座，从机身的侧面装入油缸体内腔，最后装上油活塞、密封垫，盖上油缸端盖。

5）汽缸套的安装。安装汽缸套时，应首先放好汽缸套与机体上隔板之间的石棉垫片。如为高压缸套，还要放好汽缸套与曲轴箱连接处的垫圈。然后用吊环将汽缸套缓缓送入机体的镗孔中，送入后稍稍转动汽缸套，使汽缸套上的定位销与机体上隔板的销孔配合。最后拧下油活塞端盖中间的堵头螺钉，换上一只较长的螺钉或用螺钉旋具顶动油活塞，使拉杆、转动环、小顶杆动作，以观察顶杆能否灵活升降。

6）活塞连杆组的安装。直剖式活塞连杆组的装配如图18-3所示。凡是安装相对运动的两个部件时，在零件的表面都要涂上润滑油。将衬套压入连杆小头，用活塞销将活塞和连杆相接。然后依次装入活塞两头的弹簧挡圈、油环、汽环，最后装入汽缸，向汽缸内装配时，要注意一个环送入汽缸套后再送下一个环，不能用力过猛，以免将油环或汽环压断。装上连杆大头轴瓦和连杆螺栓，然后均匀地旋转曲轴，检查是否灵活。如果灵活即可装上开口销、锁紧螺母。

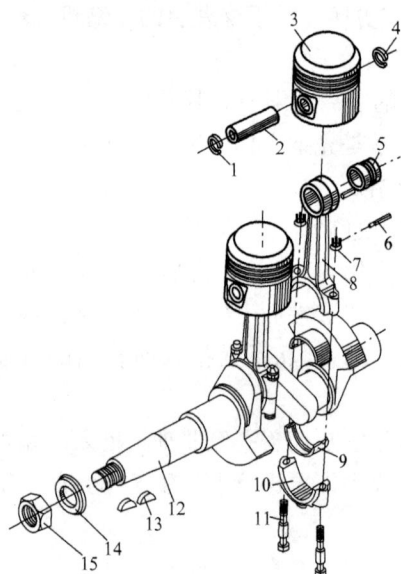

图18-3　直剖式活塞连杆组的装配
1、4—弹簧挡圈；2—活塞销；3—活塞；5—连杆小头衬套；6—开口销；7—连杆螺母；8—连杆；9—连杆大头轴瓦；10—连杆大头盖；11—连杆螺栓；12—曲轴；13—键；14—垫片；15—螺母

7）排汽阀组与安全弹簧的安装。排汽阀组向机体内安装前，应先将卸载装置上的小顶杆落座，再放上吸汽阀片，检查吸汽阀弹簧是否平衡。然后用双手对称拿着排汽阀组，保持与机体上隔板平行的方向送入，如不能直接到位可轻轻转动。最后将安全弹簧放在阀盖上的凹孔内。

8）汽缸盖的安装。安装汽缸盖时应由两个人抬着汽缸盖放上，注意将安全弹簧与汽缸盖上的弹簧座孔对正。压紧汽缸盖时，应先拧两只对角长螺栓，当其他的螺柱端头露出汽缸盖时，套上螺母，逐步地对紧螺母，直至完全压紧。

9）轴封的安装。先将外弹性圈套在固定环上，装入轴封盖，密封面要平整。然后将弹簧、压圈、内弹性圈及活动环整体装入，再将轴封盖慢慢推进，使定环与活动环的密封面对正，以松手后能自动而缓慢地弹出为宜。最后均匀地拧紧螺栓。

10）各阀门油管的安装。阀门主要指吸、排汽截止阀，安装时要注意阀门上指示的流向应与实际的流向相符，防止装错。油管安装时要按照油路的流向安装，防止错装漏装。主要油管有油三通阀到油泵一根，细滤油器到轴封室一根，轴封室到油分配阀一根，油分配阀与油缸连接若干根，油分配阀回曲轴箱一根。水管主要是水源到油冷却器一根，油冷却器到汽缸盖若干根，汽缸盖回水源一根。汽缸盖上的水管安装时要注意下进上出。

单元十九　食品冷藏工艺学

实验一　食品冻结温度曲线的测定实验

一、实验目的

通过该实验，掌握如下内容：

(1) 食品冻结温度曲线的测定方法和多回路温度热流巡检仪的使用方法。

(2) 绘出食品中心温度的冻结曲线，并确定食品的冻结点。

(3) 根据食品表层至食品中心不同深度的温降情况，绘出多条温降曲线。

二、实验器具与原料

器具：电子秤、直尺、器皿、低温冰箱、多回路温度热流巡检仪。

原料：鲜鱼或鲜肉。

三、实验原理

如图 19-1 所示，食品降温冻结过程中温度的下降分为三个阶段：第一阶段 A-B 段，食品的温度从初温迅速降到冻结点，该阶段降温快，且放出的热量全部为显热。第二阶段 B-C 段，食品内部冰晶生成，这个阶段的温度为 $-5 \sim -1 ℃$，食品内部大部分水分冻结成冰，同时放出相变潜热，这个阶段的放热主要以潜热的形式存在，所以温度降低缓慢，曲线平坦。对于生鲜食品，在此温度范围，食品内部 80% 以上的水分已经冻结，所以此温度范围为最大冰晶生成带。在此温度范围内，冻结食品的品质最易受损，因为大量生成的冰晶体会压迫细胞组织，通过最大冰晶生成带的时间越长，冰晶对细胞的破坏越大；相反，快速通过最大冰晶生成带可以减少冰晶对细胞的损伤，有利于食品的保质保鲜。第三阶段 C-D 段，食品放出的热量大部分为显热，与第二阶段相比，降温速度明显加快，只有一小部分为冻结潜热，用来冻结残存的少量未冻水。

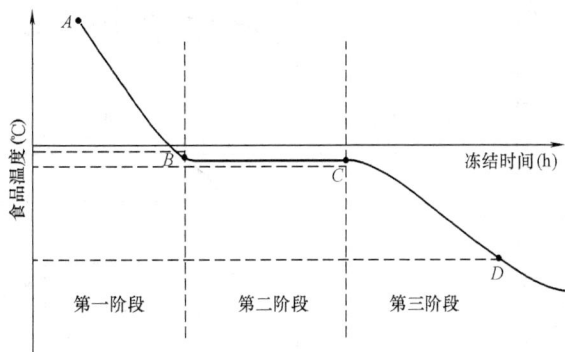

图 19-1　食品冻结温度曲线

图 19-1 未将食品中水分的过冷现象表现出来。实际上，食品表面微带潮湿，表面上常有霜点并有振动，使得食品表面有形成晶核的条件，所以过冷度很小，无明显过冷现象，因此曲线上没有过冷波折。

四、实验步骤

（1）先将低温冰箱的温度降到－25℃以下，为加快降温速度可开启冰箱内风机或风扇。

（2）将原料鱼或肉放进器皿内，用尺测量原料厚度并称重。

（3）将测点分别放入原料的中心、表面及中心至表面的1/2处，然后将原料放入低温冰箱进行冻结，另用一测点测量冷冻箱内的空气温度。

（4）开动多回路温度热流巡检仪记录温度，记录各测点温度，直到原料中心温度降至－15℃时，关闭多回路温度热流巡检仪，从冰箱中取出原料。

（5）将记录的数据加以整理，分别绘制出食品表面、食品中心及中心至表面1/2处的冻结曲线，并确定该食品的冻结点。

五、思考题

（1）为什么要测定食品冻结温度曲线？

（2）分析实验得出的冻结温度曲线是否与图19-1相符合？若有偏差，分析原因。

（3）通过最大冰晶生成带的时间的长短与哪些因素有关？

实验二　食品解冻温度曲线的测定实验

一、实验目的

通过该实验，应掌握如下内容：

（1）食品解冻温度曲线的测定方法和多回路温度热流巡检仪的使用方法。

（2）在两种不同的空气条件下，进行解冻实验。

（3）绘出两种情况下食品中心的解冻温度曲线。

（4）观察解冻速度的快慢，样品外观颜色的变化，肉质是否松软，汁液流失是否严重，表面是否有干耗。

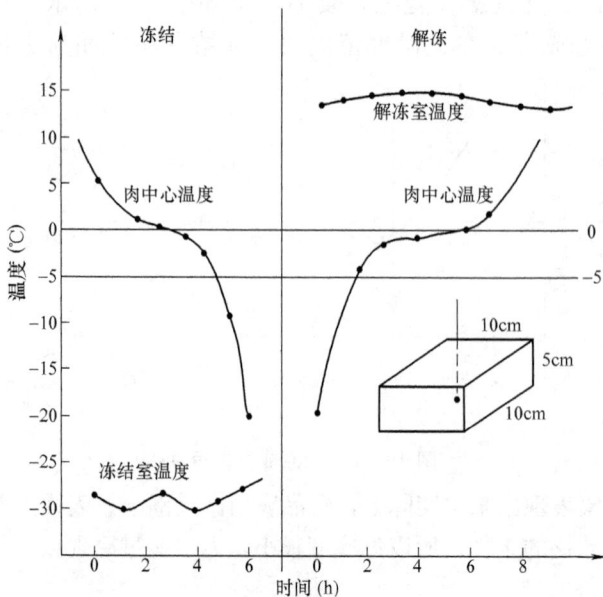

图19-2　食品解冻过程温度—时间曲线

二、实验器具与原料

器具：电子秤、直尺、器皿、恒温恒湿小室、多回路温度热流巡检仪。

原料：鲜鱼或鲜肉。

三、实验原理及相关知识

食品解冻工序应受到重视，若解冻不当会造成汁液流失，影响营养价值和口感，甚至腐败变质。

如图19-2所示，食品的解冻

可视作冻结的逆过程，解冻温度曲线与冻结温度曲线大致呈相反的形状，但是解冻时间要长于冻结时间。

与冻结过程相类似，解冻温度曲线在 0～5℃最为平缓，此温度带为最大冰晶融解带，解冻时也希望尽快通过这一温度带，以避免食品出现变色、变质、变味等不良反应。

四、实验步骤

（1）将恒温恒湿小室的温度调至 15℃，湿度调节至 90%，风速调至 2m/s。

（2）在原料中心、原料表面及中心至表面的 1/2 处安装温度测点后，放入恒温恒湿小室。

（3）开动多回路温度热流巡检仪，记录各测点温度，直到原料中心温度升至 10℃时，关闭多回路温度热流巡检仪，从恒温恒湿小室中取出原料。

（4）将记录的数据加以整理，分别绘制出食品表面、食品中心及中心至表面 1/2 处的解冻温度曲线，观察样品外观。

（5）将恒温恒湿小室的温度调至 30℃，其余空气条件不变。

（6）重复（2）～（4）步。

五、思考题

（1）为什么要测定食品解冻温度曲线？

（2）分析实验得出的解冻温度曲线是否与图 19-2 相符合？若有偏差，分析原因。

（3）解冻温度高低对解冻速度和解冻效果有何影响？

实验三　食品解冻技术实验

一、实验目的

（1）观察微波解冻后冻品温度是否均匀，是否整个冻品已全部解冻。

（2）改变微波加热强度，从而改变解冻速度，观察解冻结果有何变化。

二、实验器具与原料

器具：微波炉、器皿。

原料：冻品（冻鱼或冻肉）。

三、实验原理及相关知识

微波解冻的原理是利用电磁波对冻品中的高分子和低分子极性基团起作用，尤其是对水分子的作用，使极性分子在电场中改变双轴分子的轴向排列，分子之间进行互相旋转、振动、碰撞产生摩擦而发热，使冻品温度升高，达到解冻的目的。与水解冻和空气解冻不同，微波解冻是冻品的表面和内部同时发热。

微波解冻时，被照射冻品单位面积的发热量可用式（19-1）计算，即

$$P = \frac{5}{9} \times 10^{-2} fE^2 \varepsilon_r \tan\sigma \quad (W/cm^2)$$

$\qquad\qquad\qquad\qquad\qquad\qquad\qquad\qquad\qquad\qquad\qquad$ （19-1）

式中　$\varepsilon_r \tan\sigma$——损失系数。

可见发热量 P 与电场强度 E 的平方及损失系数成正比，而水的损失系数远比冰大。所以微波解冻时，若冻品表面某处冰融化成水，则此处的温度会迅速升高造成此处过热，而其他地方甚至仍未解冻，为此常在物料表层吹冷风。

四、实验步骤

（1）把原料放入器皿中，然后置于微波炉中。
（2）按下解冻按钮，启动微波炉。
（3）在解冻过程中密切注意原料的变化。
（4）当原料已完全解冻时，关闭微波炉，实验结束。

五、注意事项

在微波解冻过程中，解冻终了状态以整体状态为基准，由于无法正确地测温，所以只能根据经验和观察来判断。

六、思考题

（1）经微波炉解冻的样品是否有局部过热的现象？若有，试分析其原因。
（2）解冻速度的快慢对解冻效果有何影响？

单元二十　换热器设计

实验　横流板式间接蒸发换热器阻力特性实验

一、实验内容

（1）用补偿微压计测量新风进出口的动压，计算换热器的压降损失。

（2）从水侧测量排风侧换热器的换热量。

二、实验目的

（1）了解横流板式间接蒸发换热器芯体的结构以及空气在芯体中的流动。

（2）掌握横流板式间接蒸发换热器阻力系数的计算方法。

（3）了解影响换热器阻力特性的因素。

三、实验原理图

横流板式间接蒸发换热器阻力特性实验原理图如图 20-1 所示。

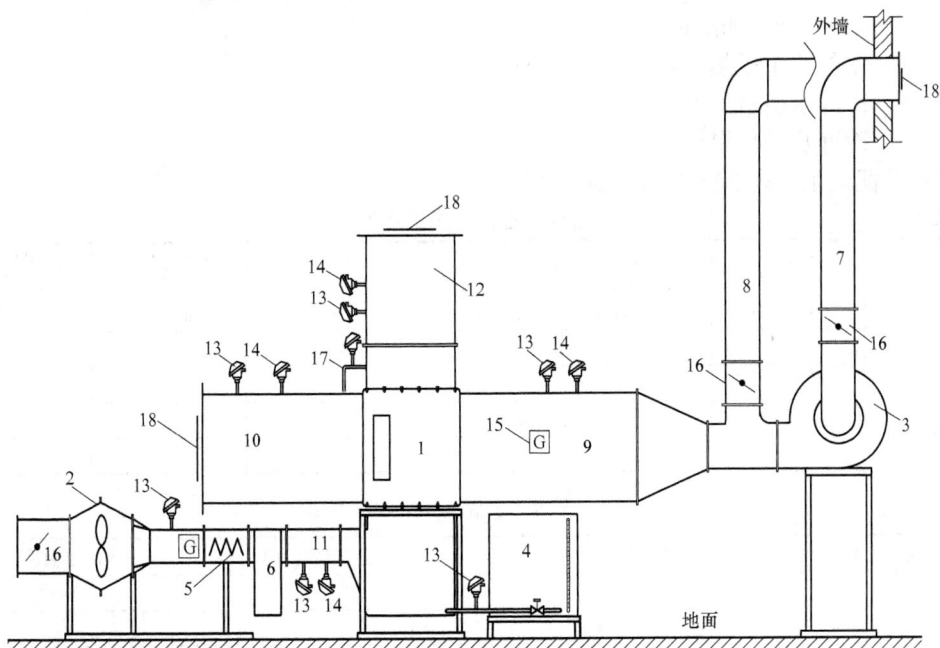

图 20-1　横流板式间接蒸发换热器阻力特性实验原理图

1—实验样机；2—轴流风机；3—离心风机；4—恒温水箱；5—表面冷却器；6—静压箱；7—新风送风道；8—旁通
风道；9—新风进风道；10—新风出风道；11—排风进风道；12—排风出风道；13—温度传感器；
14—湿球温度传感器；15—风量传感器；16—风量调节阀；17—淋水循环管；18—风口

四、实验步骤

(1) 观察实验装置结构，了解实验台运行流程。

(2) 检查装置，查看装置运行前是否存在安全问题。

(3) 将补偿微压计分别安装在新风进出口侧，进行初调节。

(4) 打开新风侧离心风机，测量空气的动压损失。

(5) 调节风量调节阀，改变新风风量，测量空气的动压并做好记录。

(6) 关闭新风侧风机，打开排风侧风机以及冷冻水泵。

(7) 待稳定后，读出温度计以及转子流量计的读数，并做好记录。

(8) 整理好实验台。

五、实验数据处理

换热器芯体压降的计算公式为

$$\Delta p = \zeta \frac{\rho v^2}{2} \tag{20-1}$$

式中　ζ——局部阻力系数；

ρ——空气的密度，取 1.2kg/m^3；

v——风速，m/s。

排风侧换热量为

$$Q = c_p \rho q (t_o - t_i) \tag{20-2}$$

式中　q——冷冻水流量，m^3/s；

ρ——水的密度，kg/m^3；

c_p——水的比定压热容，J/(kg·K)；

t_o——冷冻水出口温度，℃；

t_i——冷冻水进口温度，℃。

实验数据记录在表 20-1 和表 20-2 中。

表 20-1　　　　　　　　　　　　新风进出口压头记录表

次数	新风进口压头初值 h_{01} (mmH₂O)	新风出口压头初值 h_{02} (mmH₂O)	新风进口压头 h_1 (mmH₂O)	新风出口压头 h_2 (mmH₂O)	新风进口压头 $h_1 - h_{01}$ (mmH₂O)	新风出口压头 $h_2 - h_{02}$ (mmH₂O)

表 20-2　　　　　　　　　　　　排风水侧记录表

次　　数	水流量 (L/h)	冷冻水进口温度 (℃)	冷冻水回水温度 (℃)

六、思考题

分析影响换热器芯体局部阻力系数的因素有哪些？

单元二十一　汽　轮　机

实验一　125MW 凝汽式汽轮机结构实验

一、实验目的

汽轮机通常在高温、高压和高转速的条件下工作，是一种较为精密的重型机械。它的制造和发展涉及许多工业部门和科学领域。为了学好汽轮机这门课，必须对汽轮机结构及其工作原理进行全面了解。

二、实验装置

实验装置采用 125MW 凝汽式汽轮机模型。

三、实验内容

125MW 凝汽式汽轮机为单轴、三缸、三排汽的汽轮机，它通过半挠性联轴器带动汽轮发电机。

125MW 凝汽式汽轮机采用喷嘴调节。新蒸汽通过两个高压主汽阀、四个高压调节汽阀进入高压缸。高压缸排汽经排汽止回阀进入中间再热器。蒸汽再热后经过两个中压主汽阀、四个中压调节汽阀进入中压缸。在中压缸中做完功的蒸汽一部分直接进入低压缸，另一部分经两个导汽管进入另外两个低压缸，在三个低压缸做完功后，排入三台凝汽器。汽轮机负荷变化主要依靠高压调节汽阀进行调节。在低于额定负荷 35％时，中压调节汽阀才参与调节，其余工况中压调节汽阀全开。事故停机时，主汽阀和调节汽阀全部快速关闭，以防止事故扩大。

高压缸设计为双层缸结构。中、低压缸为单层隔板套式结构，其中低压缸为对称分流式。为满足机组快速启动的需要，高、中压缸均设有法兰、螺栓加热装置。

汽缸横向定位，依靠与基架和轴承座相配的垂直键来保证；纵向热膨胀有两个死点。高、中压缸向前（机头）膨胀，低压缸向后膨胀，它们靠轴承座和基架间的平衡导向。转子的纵向热膨胀是以高、中压缸间的推力轴承定位，它的位置是随汽缸、轴承座的纵向膨胀而移动，因此称为相对死点。该汽轮机还设有高、中、低相对膨胀指示器。

该汽轮机配置了旁路系统，它对于锅炉稳定燃烧、汽水回收和机组快速启动都是十分有利的。

该汽轮机可以参加一次调频，还装备了各种保安设施。现代电站汽轮机均为多级汽轮机，多级汽轮机是由在同一轴上的若干汽轮机级串联组合而成的，汽轮机级由喷嘴叶栅和与它相配合的动叶栅所组成，它是汽轮机做功的基本单元。当具有一定温度和压力的蒸汽通过汽轮机级时，首先在喷嘴叶栅中将蒸汽所具有的热能转变为动能，然后在动叶栅中将动能转变为机械能，从而完成汽轮机利用蒸汽热能做功的任务。

电站用汽轮机绝大多数采用轴流式级。若按照蒸汽在级的动叶内不同的膨胀程度，又可将轴流式级分为冲动级和反动级两种，后面将结合 125MW 机组实际叶片介绍级的工作原理。

四、思考题

（1）125MW 汽轮机是由哪几个汽缸组成的？

（2）蒸汽在汽缸中的走向为什么是对头布置的？

（3）汽轮机在运行平台上只有在低压缸部分是固定的，其他部分是靠轴承座搭接上的，这是为什么？

（4）汽轮机高压缸设置双层缸的好处是什么？

实验二 汽轮机冲动级的工作原理实验

一、实验目的

汽轮机通常在高温、高压和高转速的条件下工作，是一种较为精密的重型机械。它的制造和发展涉及许多工业部门和科学领域。为了学好汽轮机这门课，必须对汽轮机级的工作原理做全面了解。

二、实验装置

实验装置采用汽轮机冲动原理演示模型。

三、实验内容

1. 纯冲动级

反动度 $\Omega_m = 0$ 的级称为纯冲动级。它的特点是蒸汽只在喷嘴叶栅中膨胀，在动叶栅中不膨胀而只改变其流动方向。因此，动叶栅进出口压力相等，即 $p_1 = p_2$，如图 21-1（a）所示。纯冲动级的做功能力较大，效率较低，一般蒸汽离开动叶栅时仍具有一定的速度 c_2，由于动能 $c_2^2/2$ 未被利用，因此是汽轮机级的一项损失，称为余速损失。余速损失是汽轮机级的一项主要损失。

2. 带反动度的冲动级

为了提高汽轮机的效率，冲动级也应具有一定的反动度，通常 $\Omega_m = 0.05 \sim 0.20$，这时蒸汽的膨胀大部分在喷嘴叶栅中进行，只有一小部分在动叶栅中继续膨胀，因此

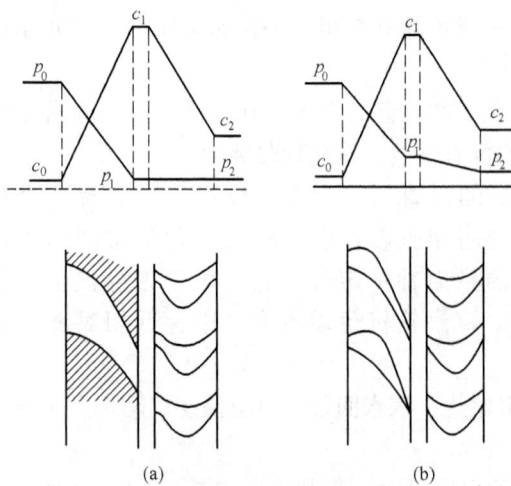

图 21-1 冲动级中蒸汽压力和速度变化

（a）纯冲动级中蒸汽压力和速度变化；

（b）带反动度的冲动级中蒸汽压力和速度变化

$p_1 > p_2$，如图 21-1（b）所示。它具有冲动级做功能力大和反动级效率高的特点，因此得到广泛应用。

（四）、思考题

什么是汽轮机的级？蒸汽在级中的能量是怎样进行转换的？

单元二十二　常用热工测试仪表

仪表一　温度测量仪表

一、玻璃管液体温度计

液体温度计是根据玻璃管内所充液体（如水银、酒精等）受热膨胀、受冷收缩来测量温度的。当周围温度变化时，玻璃管内的液体因体积变化而使液面上升或下降，这样可以从标度尺上读出代表温度的数值。它是膨胀式温度计的一种，即液体膨胀式温度计。

液体温度的变化引起的体积变化为

$$\Delta V = V \alpha_V \Delta t \tag{22-1}$$

式中　ΔV——液体的体积变化，m^3；

α_V——液体的体积膨胀系数，$m^3/(m^3 \cdot ℃)$；

V——液体体积，m^3；

Δt——液体温度变化，℃。

通常水银温度计的测温范围为$-30 \sim 700℃$，酒精温度计的测温范围为$-100 \sim 75℃$。下面重点介绍水银温度计。

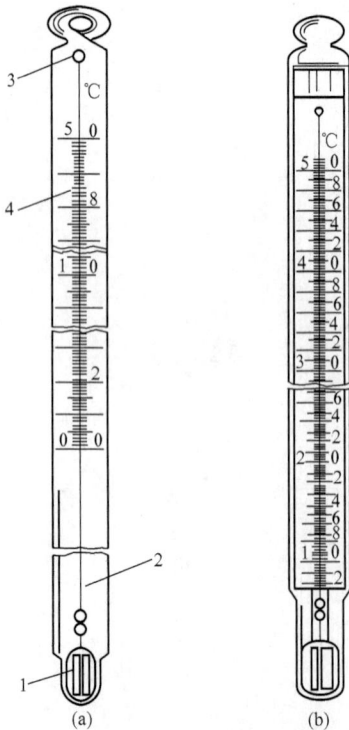

图 22-1　水银温度计

(a) 棒式温度计；(b) 内标式温度计

1—温包；2—毛细管；3—膨胀器；4—标尺

1. 水银温度计

常用的水银温度计如图 22-1 所示，它主要由温包、毛细管、膨胀器、标尺等组成，按结构不同，可分为棒式温度计［如图 22-1（a）所示］和内标式温度计［如图 22-1（b）所示］。

水银温度计刻度分度值有 2.0、1.0、0.5、0.2、0.1℃等，还有可用于高精度测量的分度值 0.05、0.02、0.01℃等。

水银温度计具有足够的精度，且构造简单、价格便宜，所以应用相当广泛。它的缺点主要有：由于水银的膨胀系数小，致使其灵敏度较低；玻璃管易损坏，无法实现远距离测量；热惯性大等。

水银温度计的使用似乎很容易，但许多人尤其初学者往往因使用不当，造成不应有的测量误差。使用水银温度计测温时应注意如下事项：

（1）按所测温度范围和精度要求选择相应温度计，并进行校验。当所测温度不明时，宜用较高测温范围的温度计进行快速测量，密切注视液柱变化情况，从而确定被测温度范围，再选择合适的温度计。

（2）因为水银温度计的热惯性大，所以温度计一般应置于被测介质中 10～15min 后才能读数。

（3）观测温度值时，人体应离开温度计，更不要对着温包呼气，读值时应屏住呼吸。有时因光线和角度等原因不得不用手扶持时，一定要扶持温度计的上部。

（4）为了消除人体温度对测温的影响，读数时要快，并且要先读小数后读大数。这是因为一般外界干扰的波动总是反映在小数的范围内。例如，被测温度为 18.3℃，应先读 0.3℃，然后再读 18℃，这样较为准确。另外，读数时应使眼睛和刻度线、水银面保持在一条直线上，以免因眼睛位置高低而产生读值的误差。

（5）有时温度计的水银柱会断开，形成断柱，此时可采取如下办法恢复：

1）冷却法。将温度计温包置于冰水中，使水银全部回到温包里，断柱即可消除。

2）加热法。将温包置于热水中慢慢加热，水银柱升高并进入膨胀器内，在水银柱升高的过程中断柱即可消除，这时应立即从热水中取出温度计。应注意的是，水银不能充满膨胀器内，否则将胀坏温度计。

3）冲击法。手握空拳用手指夹紧温包上部，温度计呈垂直状，在桌子边沿处将温包让出，用手掌部在桌子上冲击，断柱即可消除。冲击时力度要适当，并注意保护好温度计。

2. 电接点式玻璃管水银温度计

电接点式玻璃管水银温度计是在普通水银温度计的基础上加两根电极接点制成的，其构造如图 22-2 所示，钨丝接点烧结在温度计下部毛细管中与水银柱接触作为电接点的固定端，钨丝插在温度计上部毛细管中作为电接点的另一端。

电接点式玻璃管水银温度计大多做成可调式。可调式是上部那根钨丝可用磁钢来调节其插入毛细管的深度，即可调节控制的温度值。以恒定加热温度为例，当被加热介质的温度达到控制温度时，水银柱上升到该位置即与上部那根钨丝接触，由继电器控制使加热器停止工作；当温度下降低于控制温度时，水银柱下降与上部那根钨丝离开，由继电器控制使加热器投入工作。经反复动作，控制温度值保持在一个允许范围内。

二、双金属温度计

双金属温度计也是膨胀式温度计，是固体式膨胀温度计，通常做成自记式温度计，广泛用于室内外温度的测定。

双金属温度计的感温元件是由两种线膨胀系数不同的金属片焊接或挤压在一起构成的。当周围空气温度发生变化时，双金属片因膨胀的程度不等便会出现弯曲，其弯曲程度与空气温度变化的大小成正比。双金属自记式温度计的原理如图 22-3 所示。双金属片弯曲后所产生的位移通过杠杆带记录笔将

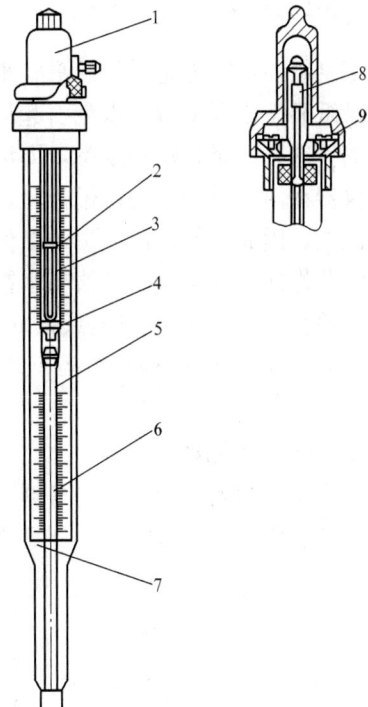

图 22-2　电接点式玻璃管水银温度计构造
1—磁钢；2—指示铁；3—螺旋杆；4—钨丝引出端；5—钨丝；6—水银柱；7—钨丝接点；8—调节控制温度值的铁芯；9—引出接线柱

所测温度的连续变化记录在记录纸上。

　　双金属自记式温度计的结构如图 22-4 所示。双金属片的一端固定在支架上，另一端与调节机构和传动机构连接并带动指针。调节机构可使指针的位置与实际温度相符。底盘和记录筒内的机械传动部分可使记录筒按时间均匀地旋转，这样可记录到一日或一周的空气温度变化曲线图。双金属自记式温度计的测量范围为 $-35 \sim 40℃$，精度为 $\pm 1℃$，适用于精度要求低、温度波动小、无人监测的场合。

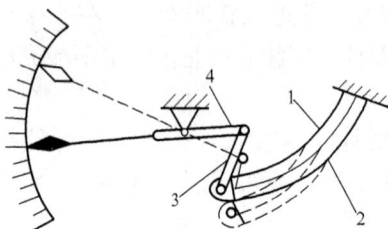

图 22-3　双金属自记式温度计的原理
1—金属片（有较大膨胀系数的）；2—金属片
（有较小膨胀系数的）；3—杠杆；4—记录笔

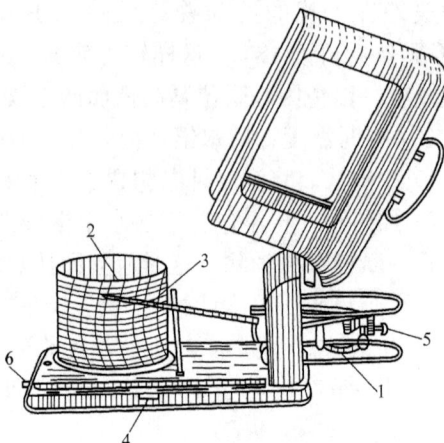

图 22-4　双金属自记式温度计的结构
1—双金属片；2—自记钟；3—记录笔；
4—笔挡手柄；5—调节螺栓；6—按钮

　　记录纸在填写测定时间后平整牢固地装在记录筒上，防止在测定中记录纸移位。记录笔与记录纸靠得不要太紧，以免引起记录的误差，应随时注意笔内有无墨水，将笔尖对正测量时刻的标线，上足自记钟发条，即可开始测量记录。

　　仪器在出厂时一般均做过校验，但由于时间的增加、频繁地搬动等原因，其指示温度会出现误差，因此在使用前应用分度值为 $0.1℃$ 的水银温度计进行校验。如果存在误差，就可调整调节螺栓，使指示温度值与水银温度计示值相符。

　　因该仪器一般为日记式或周记式，因此自记钟走时不准会使测定产生很大的误差，所以也应随时用标准钟校验自记钟。自记钟内有调节针，可将走时调快或调慢，直到调准。

三、热电偶温度计

　　热电偶作为测温元件，它与测量仪表组成的测温系统称为热电偶温度计。

　　将 A、B 两种不同材质的金属导体的两端焊接成一个闭合回路，如图 22-5 所示。若两个接点处的温度不同，在闭合回路中就会有热电动势产生，这种现象称为热电效应。两点间温差越大则热电动势越大，在回路内接入毫伏表，它将指示出热电动势的数值。热电偶温度计就是根据这个关系来测量温度的。这两种不同材质的金属导体的组合体就称为热电偶，热电偶的热电极有正（＋）、负（－）之分。

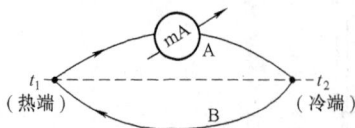

图 22-5　热点偶原理图

　　当 $t_1 > t_2$ 时，电流方向如图 22-5 中箭头所示，在热端（t_1）和冷端（t_2）所产生的等位电动势分别为 E_1 和 E_2，此时回路中的总电动势为

$$E = E_1 - E_2 \qquad (22-2)$$

当热端温度 t_1 为测量点的实际温度时，为了使 t_1 与总电动势 E 之间具有一定关系，令冷端温度 t_2 不变，即 $E_2 = K$（常数），这样回路中的总电动势为

$$E = E_1 - K \qquad (22-3)$$

因此回路中产生的热电动势仅是热端温度 t_1 的函数。

当冷端温度 $t_2 = 0℃$ 时，可得出如图 22-6 所示的热电动势—温度（E-t）特性曲线。

根据上述原理，可以选择许多反应灵敏准确、使用可靠耐久的金属导体制作热电偶。下面以铜—康铜热电偶为例加以介绍。

为了测温方便，又要保证使用强度，选用铜和康铜漆包导线的直径一般应为 $0.2 \sim 0.5mm$。

热电偶焊接前，应将漆包导线端部长度为 5mm 的绝缘漆皮和氧化层用细砂纸轻轻磨掉，把两根导线端头对齐并在一起扭一个节即可进行焊接。绞缠的圈数不宜超过两圈，否则将引起测量误差。

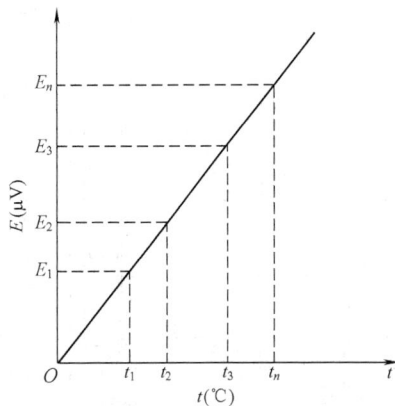

图 22-6 热电动势—温度
（E-t）特性曲线

一般热电偶测温具有结构简单、使用方便、测量精度高、测量范围广等优点。常用的铜—康铜热电偶测温范围为 $-200 \sim 200℃$，当热端温度为 100℃ 时，它所产生的热电动势为 4.1mV，也就是温度变化 1℃ 时，热电动势变化为 0.041mV（$41\mu V$）。该热电偶的热惯性小，能较快反映被测温度的变化。热电偶测温最大的特点是可以远距离传送和自动记录，并且可以把多个热电偶通过转换开关接到仪表上进行集中检测。

对于特定的测温范围，铜—康铜热电偶所产生的热电动势较小，用毫伏表不易准确测量，所以与铜—康铜热电偶配用的二次仪表通常为高精度的电位差计。

仪表二 相对湿度测量仪表

大气（空气）是由干空气、水蒸气两部分组成的，为了区别于绝对干燥的空气，又把它称为湿空气。湿度是表征湿空气物理性质的一个非常重要的参数。

湿空气的湿度包括绝对湿度、含湿量、饱和湿度和相对湿度等。

相对湿度是指空气中水蒸气的实际含量接近于饱和的程度，又称饱和度，它以百分数来表示，即

$$\varphi = \frac{p_q}{p_{qb}} \times 100\% \qquad (22-4)$$

式中　p_q——湿空气中水蒸气分压力，Pa；

p_{qb}——同温度下湿空气的饱和水蒸气分压力，Pa。

空气的相对湿度对人体的舒适与健康，以及对某些工业产品的质量都有着密切的关系。为此，准确地测定和评价空气的相对湿度是十分重要的。常用的湿度测量仪表有普通干湿球温度计、通风干湿球温度计、毛发湿度计、电阻湿度计等。

一、普通干湿球温度计

取两支相同的温度计，一支温度计保持原状，它可直接测出空气的温度，称为干球温度。另一支温度计的温包上包有脱脂纱布条，纱布的下端浸在盛有蒸馏水的容器里，因毛细作用纱布会保持湿润状态，它测出的温度称为湿球温度。将这两支温度计固定在平板上并标以刻度，附上计算表，这样就组成了普通干湿球温度计，如图22-7所示。

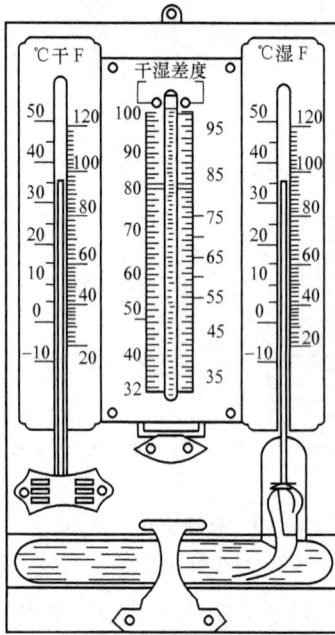

图 22-7　干湿球温度计

湿球温度计温包上包裹的潮湿纱布，其中的水分与空气接触时产生热湿交换。当水分蒸发时，会带走热量使温度降低，其温度值在湿球温度计上表示出来。温度降低的多少取决于水分的蒸发强度，而蒸发强度又取决于温包周围空气的相对湿度。空气越干燥，即相对湿度越小时，干湿球两者的温度差也就越大；空气越湿润，即相对湿度越大时，干湿球两者的温度差也就越小。若空气已达到饱和，则干湿球温度差等于零。

湿球温度下饱和水蒸气分压力和干球温度下水蒸气分压力之差与干湿球温度差之间的关系可由式（22-5）表示为

$$p_s - p_q = A(t - t_s)B \qquad (22-5)$$

将式（22-5）代入式（22-4）中得

$$\varphi = \left[\frac{p_s - A(t - t_s)B}{p_{qb}}\right] \times 100\% \qquad (22-6)$$

$$A = 0.000\ 01(65 + 6.75/v)$$

式中　φ——相对湿度，%；

　　p_s——湿球温度下饱和水蒸气分压力，Pa；

　　p_q——湿空气中水蒸气分压力，Pa；

　　A——与风速有关的系数；

　　t——空气的干球温度，℃；

　　t_s——空气的湿球温度，℃；

　　B——大气压力，Pa；

　　p_{qb}——同温度下湿空气的饱和水蒸气分压力，Pa；

　　v——流经湿球的风速，m/s。

这样，在测得干湿球温度后，通过计算或查表、查焓湿图（i-d 图），便可求得被测空气的相对湿度。

普通干湿球温度计的使用、校验与玻璃液体温度计相同。

普通干湿球温度计结构简单、使用方便，但其周围空气流速的变化或存在热辐射时都将对测定结果产生较大影响。

二、通风干湿球温度计

为了消除普通干湿球温度计因周围空气流速的变化和存在热辐射时产生的测量误差，设计生产了通风干湿球温度计。

通风干湿球温度计分度值为 $0.1\sim0.2℃$，其测量空气相对湿度的原理与普通干湿球温度计相同。

通风干湿球温度计有手动式（风扇由发条驱动）和电动式（风扇由微电动机驱动）两种。手动式通风干湿球温度计如图 22-8 所示，其温度计刻度范围为 $-26\sim51℃$，最小刻度值为 $0.2℃$。它与普通干湿球温度计的主要差别是，在两支温度计的上部装有一个小风扇，可使在通风管道内的两支温度计温包周围的空气流速稳定在 $2\sim4m/s$ 范围内，消除了空气流速变化的影响。另外，在两支温度计温包部还装有金属保护套管，以防止热辐射的影响。湿球温度计温包上包裹的纱布是测定湿球温度的关键。纱布应用干净、松软、吸水性好的脱脂纱布，纱布裁成小条，宽度约为温包周长的 1.25 倍，长度比温包长 $20\sim30mm$。将纱布条单层包在温包上，用细线扎紧温包上端后缠绕至纱布条下端，以保证纱布条不散开。装保护套管时，注意不要把纱布条挤成团。使用时，注意纱布不要弄脏，并应经常更换。

像使用普通温度计一样，应提前 $15\sim30min$ 将通风干湿球温度计放置在测定场所。观测前 5min 用滴管将蒸馏水加到纱布条上，不要把水弄到保护套管壁上，以免通风通道堵塞。上述准备工作完毕，即可将风扇发条上满，$2\sim4min$ 后通道内风速达到稳定后就可以读取温度值了。

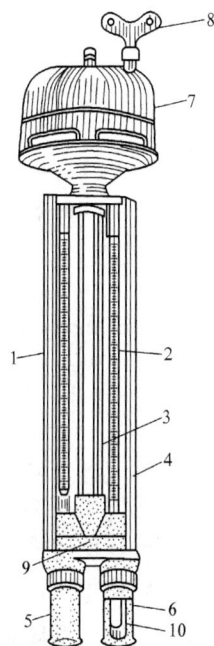

图 22-8　手动式通风干湿球温度计

1、2—水银温度计；3—金属总管；4—护板；5、6—外护管；7—风扇外壳；8—钥匙；9—塑料箍；10—内管

测得干湿球温度后，按仪器所附相对湿度计算表查出被测空气的相对湿度，也可以用前面介绍过的公式进行计算。

三、毛发湿度计

脱脂处理过的人发的长度可随周围空气湿度变化而伸长或缩短，利用这个特性制作的毛发湿度计有指示型和记录型两种。现以记录型为例进行介绍，其工作原理如图 22-9 所示。毛发束一般由 $40\sim42$ 根毛发组成，它固定在有可调螺栓的支架上。当毛发束因周围空气的湿度变化而发生形变时，这个形变由小钩经弧片传递给记录笔，因此将相对湿度的变化连续记录下来。

自记式毛发湿度计的结构如图 22-10 所示。它能自动记录空气相对湿度的变化，有日记式和周记式两种，测量范围为 $\varphi=30\%\sim100\%$。毛发作为湿度敏感元件具有构造简单、工作可靠、价廉与少维护等特点，适用于环境空气温度为 $-35\sim45℃$ 的不含酸性和油腻气体并对精度要求不高（$\varphi=\pm5\%$）的测定中。但毛发也有感湿反应慢、相对湿度与输出位移量间变化不成线性关系、使用时间过长会出现变形老化等缺点。

毛发湿度计使用中的注意事项除与双金属温度计的有关要求相同外，还应注意以下几点：为防止毛发老化变质，毛发湿度计不宜在70℃以上的环境中使用。为保护毛发，切忌

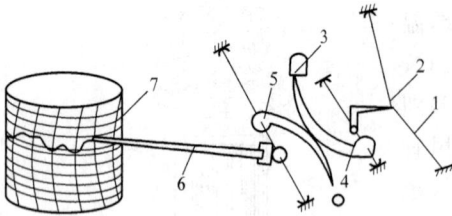

图 22-9　自记式毛发湿度计的工作原理
1—脱脂毛发束；2—小钩；3—平衡锤；4、5—弧
片；6—记录笔（指针）；7—自动记录筒

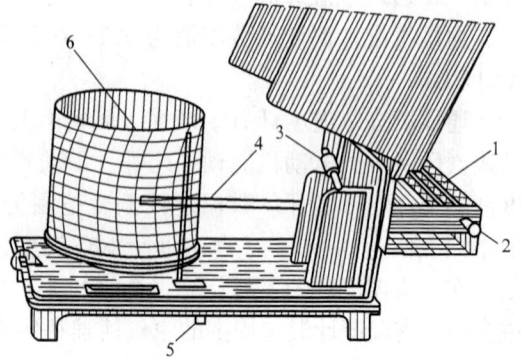

图 22-10　自记式毛发湿度计的结构
1—脱脂毛发束；2—调节螺栓；3—平衡锤；
4—记录笔；5—笔挡手柄；6—自记钟

用手触摸。如果毛发弄脏了，可用毛笔蘸蒸馏水轻轻洗刷干净。移动毛发时动作要轻，防止将毛发振断。毛发束长期不用或搬运时，应将其从小钩上摘下来，使之放松。

毛发湿度计在使用前可用通风干湿球温度计进行校验，用毛笔蘸上蒸馏水将毛发全部润湿，反复数次后使指示值大约达到 $\varphi=95\%$，等待一段时间后，指示值下降并稳定在某一数值。这时与用通风干湿球温度计测得的同一状态下空气的相对湿度做比较。若毛发湿度计存在误差，可调整调节螺栓改变毛发束的松紧程度，使指示值与之相符。

四、电阻湿度计

电阻湿度计由测头和指示仪表两部分组成。常见的湿度计是氯化锂电阻湿度计。金属盐

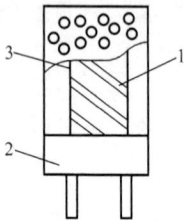

图 22-11　电阻湿
度计测头
1—电阻丝；2—底座；
3—金属保护罩

氯化锂（LiCl）在空气中具有很强的吸湿性，而吸湿量又与空气的相对湿度有关。空气的相对湿度越大，氯化锂吸湿量就越多；反之，空气的相对湿度越小，氯化锂吸湿量就越少。同时，氯化锂的导电性能也随之变化。氯化锂吸湿量越多其阻值越小，吸湿量越少其阻值越大。氯化锂电阻湿度计就是根据这个特性制成的，其测头如图 22-11 所示，它是在有机玻璃圆形支架上平行缠绕两根铂丝或铱丝，外表涂上氯化锂溶液形成氯化锂薄膜层。两根电阻丝并不接触，仅靠氯化锂盐层导电形成回路。当测头置于被测空气中，相对湿度变化时，氯化锂中的含水量也要变化，随之两根电阻丝间的电阻也发生变化，将其输入显示仪表即可得出相应的相对湿度值。

电阻湿度计测头一般分成几种不同的量程，其测量反应快、灵敏度高、测量范围较大，可做远距离测量、自动记录和控制等。

电阻湿度计每一种测头的测量范围是有限的且互换性差，长时间使用后存在老化的问题，测头在高温（$t=45℃$）、高湿（$\varphi=95\%$）区使用时易损坏。

电阻湿度计在测定中，应根据具体的测量要求选择合适的测头，除注意使用要求外，还需做定期更换。为避免测头上氯化锂盐溶液发生电解，电极两端应接交流电而不允许使用直流电。

仪表三　流速测量仪表

一、叶轮风速仪

叶轮风速仪由叶轮和计数机构组成，它是以气流动压力推动机械装置来显示风速的仪表。风速仪的敏感元件为轻型叶轮，通常用金属铝制成。叶轮分翼形和杯形两种。

翼形叶轮的叶片是由几个扭转一定角度的薄铝片组成；杯形叶轮的叶片为铝制的半球形叶片，如图 22-12 所示。当气流流动的动压力作用于叶片上时，叶轮会产生旋转运动，其转速与气流速度成正比。叶轮的转速经轮轴上的齿轮传递给指示或计数设备。它们表示的数值实际上是指轮轴转动的距离 (s)。翼形叶轮风速仪的灵敏度为 0.5m/s。杯形叶轮风速仪的叶轮因结构牢固，机械强度大，测量范围为 1~20m/s，因而被广泛应用于通风、空调的风速测定中。

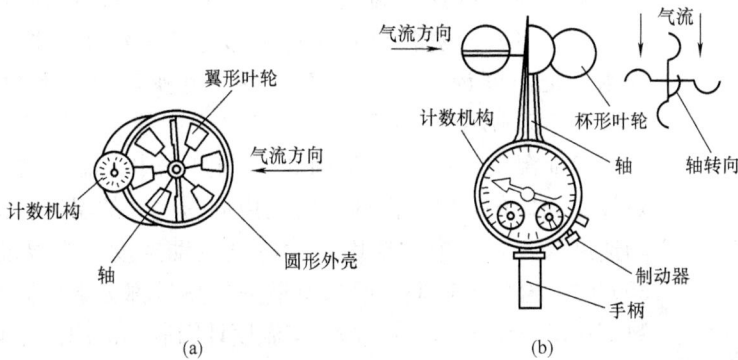

图 22-12　叶轮风速仪
(a) 翼形风速仪；(b) 杯形风速仪

叶轮风速仪有内部自带计时装置的，若有效计时为 1min，则指示值即为每分钟的风速，进而可计算得到每秒的风速值。

叶轮风速仪也有不带计时装置的，测定中可用秒表计时。

风速按式 (22-7) 计算，即

$$v = \frac{s}{\tau} \tag{22-7}$$

式中　v——测点的风速值，m/s；

　　　s——叶轮风速仪指针示值，m；

　　　τ——叶轮风速仪的有效测定时间，s。

叶轮风速仪测量的准确性与操作者的熟练程度有很大关系。使用前，应检查风速仪的指针是否在零位，开关是否灵活可靠。测定时，必须将叶轮风速仪全部置于气流中，气流方向应垂直于叶轮的平面，否则将引起测定误差。当气流推动叶轮转动 20~30s 后，再启动开关开始测量。测定完毕应将指针回零。读得风速值后，还应在仪器所附的校正曲线上查得实际的风速值。

叶轮风速仪测得的是确定时间内风速的平均值，因此，它不适于测定脉动气流和气流的瞬时速度。

叶轮是风速仪的重要部件，由于暴露在外易受到损伤，使用中应注意不要碰撞。

叶轮风速仪的校验通常在标准风洞中进行。

二、卡他温度计

卡他温度计是用来测定空气微小流速的仪器。将温度计的温包加热以后放置在测定地点，以温包散热所需的时间来确定空气的流速。

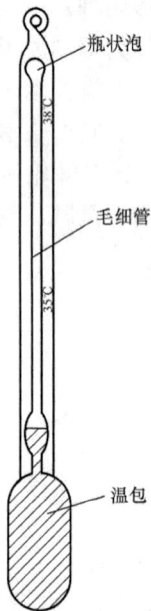

卡他温度计是一支酒精温度计，如图 22-13 所示，温包为圆柱形，容积比一般温度计大得多（长约为 40mm，直径约为 16mm），内充带有颜色的酒精。毛细管顶端连有一瓶状空腔。温度计刻度为 35℃ 和 38℃ 两个点，其平均值恰好为人体温度（36.5℃）。

卡他温度计测速范围在 0.05~0.5m/s 之间，目前工程上很少使用，仅应用于实验室做散热率法测量风速的理论验证。

将卡他温度计的温包放在不高于 70℃ 的热水中加热（酒精的沸点为 78℃），使酒精上升到端部空腔里约 1/3 处。擦干温包上的水，把温度计放在被测气流中，用秒表记录下酒精柱从 38℃ 下降到 35℃ 所需的时间。

卡他温度计由 38℃ 降到 35℃ 的过程中，温包向空气中散发的热量是固定的，但所需的时间则由周围空气的温度、湿度和空气流动速度决定，其中主要因素为空气流动速度。当温度由 38℃ 降到 35℃ 时，温包上每平方厘米所散失的热量称为卡他温度计的冷却系数 F [J/(cm^2 · 3℃)]。每一支温度计因制作的原因，其 F 值是不同的，出厂时都分别给予标示。空气的冷却能力为

图 22-13　卡他温度计

$$H = \frac{F}{\tau} \tag{22-8}$$

式中　H——空气的冷却能力，J/(cm^2 · 3℃ · s)；

　　　　F——卡他温度计的冷却系数，J/(cm^2 · 3℃)；

　　　　τ——温度由 38℃ 降到 35℃ 所需的时间，s。

空气的流速可以根据下列经验公式求得：

（1）当 $v \leqslant 0.1$m/s 时

$$v = \left(\frac{\dfrac{H}{\Delta t} - 0.2}{0.4} \right)^2 \tag{22-9}$$

（2）当 $v > 0.1$m/s 时

$$v = \left(\frac{\dfrac{H}{\Delta t} - 0.13}{0.47} \right)^2 \tag{22-10}$$

式中　v——空气流速，m/s；

　　　　Δt——卡他温度计的平均温度（36.5℃）与周围空气温度的差值，℃。

测定时，为避免对测点气流产生干扰，动作要轻，不得任意走动。温包的加热温度不可过高，酒精充入上部空腔不可太满，否则将会损坏温度计。测定前，一定要擦干温包上的

水，否则在散失热量中也包括了水蒸发所带走的一部分热量，会使测定产生误差。

三、热电风速仪

热电风速仪是由测头和指示仪表组成的。测头内有电热线圈（或电热丝）和热电偶。当热电偶焊接在电热丝的中间时，称为热线式热电风速仪，简称为热线风速仪；当热电偶与电热线圈不接触以玻璃球固定在一起时，称为热球式热电风速仪，简称为热球风速仪。两者除测头外其余部分基本相同。热球风速仪的构成原理如图 22-14 所示。它具有两个独立的电路：一个是电热线圈回路，串联有直流电源 E（一般为 2～4V）、可调电阻 R 和开关 Q。在电源电压一定时，调节电阻 R 即可调节电热线圈的温度。另一个是热电偶回路，串联一支微安表可指示在电热线圈的温度下与热电动势相对应的热电流的大小。

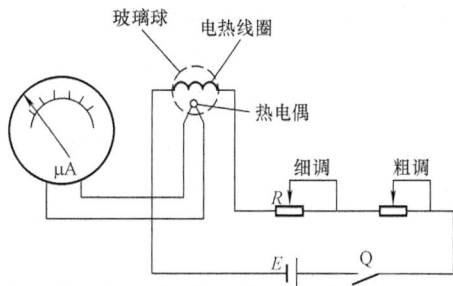

图 22-14 热球风速仪的构成原理

电热线圈（镍铬丝）通过额定电流时温度升高并加热了玻璃球。由于玻璃球体积很小（直径约为 0.8mm），可以认为电热线圈与玻璃球的温度是相同的。热电偶产生热电动势，相对应的热电流由仪表指示出来。玻璃球的温升、热电动势的大小均与气流的速度有关。气流速度越大，玻璃球散热越快，温升越小，热电动势也就越小。反之，气流速度越小，玻璃球散热越慢，温升越大，热电动势也就越大。热球风速仪即根据这个关系在指示仪表盘上直接标出风速值，测定时将测头放在气流中就可直接读出气流的速度来。

热球风速仪操作简便，灵敏度高，反应速度快，测速范围有 0.05～5、0.05～10、0.05～20m/s 等几种，正常使用条件为 $t=-10～40℃$、$\varphi<85\%$。它既能测量管道内风速，也可测量室内空间的风速。但是，它的测头连线很细，容易损坏而不易修复。

使用热球风速仪前，应了解仪表的操作要求。调校仪表时，测头一定要收到套筒内，测杆垂直头部向上，以保证测头在零风速状态下。测定时应将标记红色小点一面迎向气流，因为测头在风洞中标定时即为该位置。风速仪指针在某一区间内摆动，可读取中间值。如果气流不稳定，可参考指示值出现的频率来加以确定。测得风速值后应对照仪表所附的校正曲线进行校正。

测定时，应时刻注意保护好测头，严禁用手触摸，并防止与其他物体碰撞，测定完毕应立即将测头收到套筒内。

热电风速仪精确的校验应在多普勒激光测速仪上进行，通常可在标准风洞中进行。

四、测压管（动压测速）

流体的压力是指垂直作用于单位面积上的力，有全压、静压和动压之分。

动压测速的压力感受元件为测压管。测压管分为全压管、静压管和动压管。测压系统由测压管、连接管和显示、记录仪表组成。测压管测得动压后经计算求得流体的流速。测压管既可对液体流动进行测量，又可对气体流动进行测量。

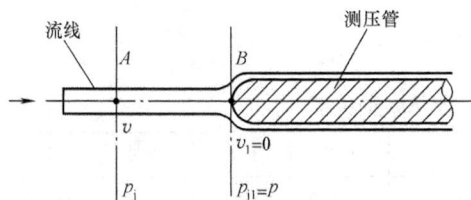

图 22-15 测压管

1. 普通测压管

将测压管置于气流中，如图 22-15 所示。

测压管头部点 B 处由于气流的绕流而完全滞止，产生临界点，气流速度 $v_1 = 0$，点 B 的压力为滞止压力（全压）。根据不可压缩流体的伯努里方程，A、B 两点间的关系为

$$p_j + \frac{1}{2}\rho v^2 = p_{j1} + \frac{1}{2}\rho v_1^2 \qquad (22-11)$$

式中　p_j、p_{j1}——A、B 两点的静压，Pa；

$\quad\quad\rho$——空气的密度，kg/m³；

$\quad v$、v_1——A（测点）、B 两点的气流速度，m/s。

因为 $v_1 = 0$，所以 $p = p_{j1}$，从而

$$p = p_j + \frac{1}{2}\rho v^2$$

$$v = \sqrt{\frac{2}{\rho}(p - p_j)} \qquad (22-12)$$

$$\rho = \frac{B}{287(273.15 + t_n)} \qquad (22-13)$$

式中　p——B 点的全压力，Pa；

$\quad\quad B$——大气压力，Pa；

$\quad\quad t_n$——管道内空气温度，℃。

式（22-12）中的（$p - p_j$）即为该测点的动压值。因此，通过测得的动压值、空气温度、大气压力可计算求得气流速度。此法为动压测速法。

但是实际上流体流经测压管头部时总有能量损失，应给予修正，即

$$v = \sqrt{\frac{2}{\rho}(p' - p_j')\xi} \qquad (22-14)$$

$$\xi = \frac{p - p_j}{p' - p_j'} \qquad (22-15)$$

式中　p'、p_j'——测压管全压孔、静压孔读数，Pa；

$\quad\quad p$、p_j——测点全压和静压（由风洞实验确定）真实值，Pa；

$\quad\quad\quad\xi$——测压管的校正系数。

经合理设计的标准测压管，ξ 值可保持在 $1.02 \sim 1.04$ 范围内，且在较大马赫数（Ma）、雷诺数（Re）范围内保持一定值。

当气流的马赫数 $Ma > 0.25$ 时，应考虑气体的压缩性，此时气流速度为

$$v = \sqrt{\frac{2}{\rho}\frac{(p' - p_j')}{1 + \varepsilon}\xi} \qquad (22-16)$$

式中　ε——气体的可压缩性系数，ε 与 Ma 的关系见表 22-1。

表 22-1　　　　　　　　气体的可压缩性系数 ε 与马赫数 Ma 的关系

Ma	0.1	0.2	0.3	0.4	0.5	0.6	0.7	0.8	0.9	1.0
ε	0.0025	0.0100	0.0225	0.0400	0.0620	0.0900	0.1280	0.1730	0.2190	0.2750

2. 标准动压测压管

标准动压测压管的结构如图 22-16 所示。在测头顶端开有全压测孔，由内管接至全压引出接管。在水平测量段的适当位置开有静压测孔或条缝，由外管接至静压引出接管。实际上，动压测压管是由静压测压管套在全压测压管外构成的。这种动压测压管简称为毕托管。

国际标准化组织（ISO）规定：测压管使用范围上限不得超过相当于马赫数 $Ma=0.25$ 时的流速，下限则要求被测量的流速在全压测孔直径上的雷诺数 $Re>200$，以避免造成大的误差。

测压管应尽可能与气流方向一致，当两者偏离超过 $\pm(6°\sim8°)$ 时，将会产生附加的测量误差，因此正确操作显得十分重要。

3. S 形测压管

普通的测压管若用于测量含尘气体时，测孔易被堵塞，造成测量误差，或者根本无法使用。这时可采用 S 形测压管，其形状如图 22-17 所示。它由两根相同的金属管组成，端部为两个方向相反而开孔面又相互平行的测孔。测定时，一个孔口面正对着气流，即与气流方向垂直，测得的是全压。另一个孔口面背向气流，测得的是静压。由于 S 形测压管的开孔面积较大，减少了被粉尘堵塞的可能，可保证测量工作的正常进行。

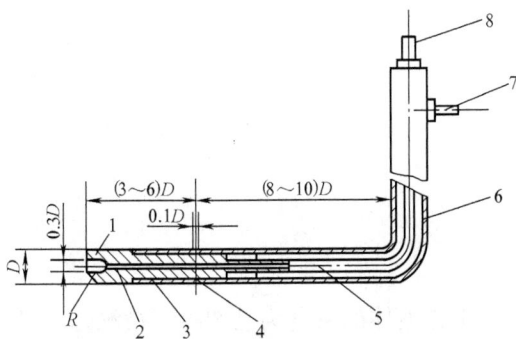

图 22-16　标准动压测压管的结构

图 22-17　S 形测压管

1—全压测孔；2—感测头；3—外管；4—静压测孔；5—内管；6—管柱；7—静压引出接管；8—全压引出接管

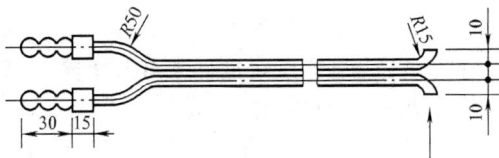

S 形测压管的测孔具有方向性，使用时应与校正时的方向一致。当被测流速较低时，测定误差相应加大。

仪表四　压力测量仪表

工程上将垂直作用在物体单位面积上的压强称为压力。压力分绝对压力、工作压力，其关系为

$$p_g = p - B \qquad\qquad (22-17)$$

式中　p_g——工作压力，也称表压，Pa；

　　　p——绝对压力，Pa；

　　　B——大气压力，Pa。

压力测量仪表以大气压力为基准，测量大气压力的仪表称为气压计；测量超过大气压力的仪表称为压力计；测量小于大气压力的仪表称为真空计。但通常将它们简称为压力计或压

力表，根据使用要求的不同，有指示、记录、远传变送、报警、调节等多种形式；按测压转换原理的不同，又有平衡式、弹簧式和压力传感器等几种类型。压力表的精度等级为 0.005～4.0 级，应根据测量的目的要求做适当地选择。某些压力计又需与测压管配合使用。

下面对常用的几种压力计、压力表进行介绍。

一、液柱式压力计

液柱式压力计是以一定高度的液柱所产生的静压力与被测介质的压力相平衡来测定压力值的，常用的工作液体有水、水银、酒精等。液柱式压力计因构造简单、使用方便，广泛应用于正、负压和压力差的测量中，在 $\pm 1.013\,25 \times 10^5\,\mathrm{Pa}$ 的范围内有较高的测量准确度。

1. U 形管压力计

U 形管压力计是将一根直径相同的玻璃管弯成 U 形，管中充以工作液体（水或水银等），如图 22-18 所示。当管子一端为被测压力 p，另一端为大气压力 B，且 $p > B$ 时，p 侧的液柱下降，B 侧的液柱上升。当两侧压力达到平衡时，由流体静力学可知，等压面在 2-2 处，其平衡方程式为

$$p = B + \rho g (h_1 + h_2) = B + \rho g h \qquad (22-18)$$

被测工作压力为

$$p_g = p - B = \rho g h \qquad (22-19)$$

式中　p——被测绝对压力，Pa；

　　　B——大气压力，Pa；

　　　ρ——工作液体的密度，$\mathrm{kg/m^3}$；

　　　g——重力加速度，取 $9.806\,65\,\mathrm{m/s^2}$；

　　　h_1、h_2——管中工作液体上升和下降的高度，m；

　　　h——液柱高差，m。

由式（22-18）和式（22-19）可知，当管内工作液体的密度为已知时，被测压力的大小即可由工作液体柱的高度差 h 来表示。

由式（22-19）可知，当被测压力为一定值时，U 形管压力计液柱高度差 h 与工作液体的密度 ρ 成反比，这样选择密度较小的工作液体可提高 U 形管压力计的测量灵敏度。

当用 U 形管压力计测量液体压力时（如图 22-19 所示），应考虑工作液体上面液柱产生的压力。若两侧管中工作液体上面液柱的密度分别为 ρ_1、ρ_2，则等压面 2-2 的平衡方程式为

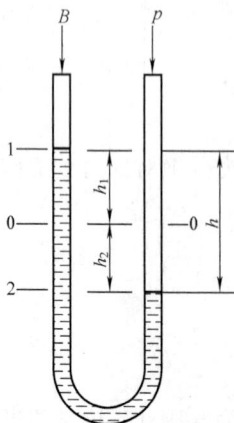

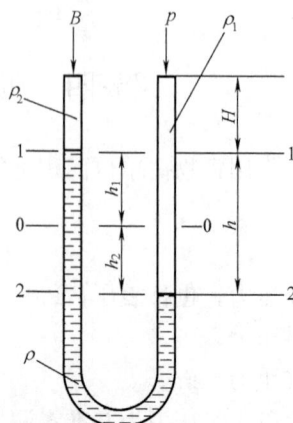

图 22-18　U 形管压力计　　　　图 22-19　测量液体时 U 形管压力计压力平衡原理图

$$p + \rho_1 g(H+h) = B + \rho_2 gH + \rho gh \qquad (22-20)$$

其工作压力为

$$p_g = p - B = (\rho_2 - \rho_1)gH + (\rho - \rho_1)gh \qquad (22-21)$$

式中　ρ_1、ρ_2——工作液体上面液柱的密度，kg/m³；

　　　　H——测压点距 B 侧工作液体面的垂直距离，m。

当测量同一种介质的压力差时，因 $\rho_1 = \rho_2$，式（22-21）可写为

$$\Delta p = (\rho - \rho_1)gh \qquad (22-22)$$

式中　Δp——两侧压力之差，Pa。

U 形管压力计的组成如图 22-20 所示，标尺零位在中间。

U 形管压力计的测量范围，以水为工作液体时一般为 $0 \sim \pm 7.8 \times 10^3$ Pa；以水银为工作液体时一般为 $0 \sim \pm 1.07 \times 10^3$ Pa。它适于测量绝对值较大的全压、静压，不适于测量绝对值较小的动压。

测压前，将工作液体充入干净的 U 形管压力计中，调整好液面高度，使之处于零位。选择距测压点较近且不受干扰、碰撞的地方将 U 形管压力计垂直悬挂牢固。

测量时，将被测点用橡胶管接到压力计的一个接口，另一个接口与大气相通。若测量压差，将两个测点分别接到压力计的两个接口上。读数时，视线应与液面平齐，液面以顶部凸面或凹面的切线为准。测量完毕，应将工作液体倒出。

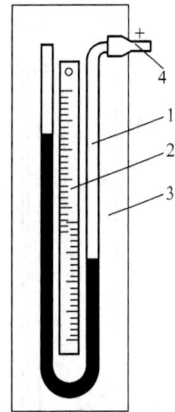

图 22-20　U 形管压力计的组成
1—U 形玻璃管；2—刻度尺；
3—固定平板；4—接头

由于 U 形管压力计两侧玻璃管的直径难以保证完全一样，如图 22-18 和图 22-19 中 $h_1 \neq h_2$，因此，必须分别读取两边的液面高度值，然后相加得到 h。这样就消除了两侧管子截面不等带来的误差，但两次读数又增加了读值的误差。

2. 单管式压力计

为了克服 U 形管压力计测压时需两次读数的缺点，出现了方便读数减少读数误差的单管式压力计。

单管式压力计的工作原理与 U 形管压力计相同。它以一个截面积较大的容器取代了 U 形管中的一根玻璃管，如图 22-21 所示。

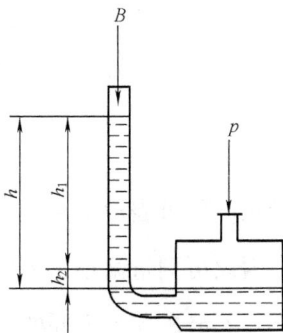

图 22-21　单管式压力计

因为　　　　　　　　　$h_1 f = h_2 F$

所以　　　　　　　　　$h_2 = h_1 \dfrac{f}{F} \qquad (22-23)$

将式（22-23）代入式（22-19）中，得

$$p_g = \rho gh = \rho g(h_1 + h_2) = \rho gh_1\left(1 + \dfrac{f}{F}\right) \qquad (22-24)$$

由于 $F \gg f$，故 f/F 可忽略不计，式（22-24）可写成

$$p_g = \rho gh_1 \qquad (22-25)$$

式中　h_1、h_2——工作液体在玻璃管内上升和在大容器内下降的高度，m；

　　　　f、F——玻璃管和大容器的截面面积，m^2。

　　因此，当工作液体密度一定时，只需一次读取玻璃管内液面上升的高度 h_1，即可测得压力值。

　　单管式压力计的组成如图 22-22 所示，测量玻璃管接在容器底部，标尺零位在下部。

　　单管式压力计的测量范围，以水为工作液体时一般为 $0\sim\pm1.47\times10^4\,Pa$，以水银为工作液体时一般为 $0\sim\pm2.0\times10^5\,Pa$。

　　单管式压力计使用方法与 U 形管压力计相同。测量负压时，被测点与玻璃管相接，容器接口通大气，读值为负值。

　　多管式压力计是将数根玻璃管接至同一较大容器上，可同时测量多点的压力值。

3. 斜管式压力计

　　因 U 形管压力计和单管式压力计不能测量微小压力，为此产生了斜管式压力计。它是将单管式压力计垂直设置的玻璃管改为倾斜角度可调的斜管，如图 22-23 所示，所以也常称为倾斜式微压计。当被测压力与较大容器相通时，容器内工作液面下降，液体沿斜管上升的高度为

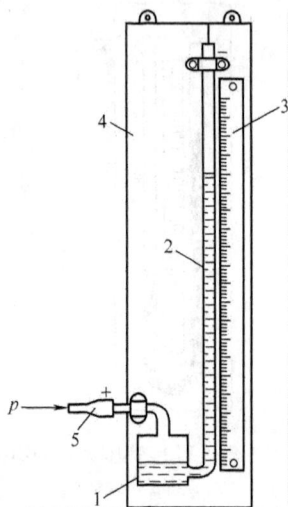

图 22-22　单管式压力计的组成
1—容器；2—测量管；3—刻度尺；
4—底板；5—连接管

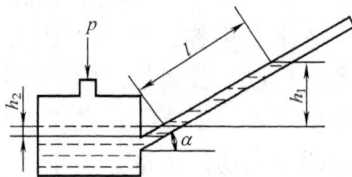

图 22-23　斜管式压力计原理图

$$h = h_1 + h_2 = l\sin\alpha + h_2 \qquad (22-26)$$

因为
$$lf = h_2 F$$

所以
$$h = l\left(\sin\alpha + \frac{f}{F}\right) \qquad (22-27)$$

　　被测压力为

$$p_g = \rho gh = \rho gl\left(\sin\alpha + \frac{f}{F}\right) \qquad (22-28)$$

式中　l——斜管中工作液体向上移动的长度，m；

　　　　α——斜管与水平面的夹角，°；

　　f、F——玻璃管和大容器的截面面积，m^2。

　　由式（22-28）可知，当工作液体密度 ρ 不变时，在斜管中的长度即可表示被测压力的大小。斜管式压力计的读数比单管式压力计的读数放大了 $\dfrac{1}{\sin\alpha}$ 倍，因此可测量微小压力的变化。常用斜管式压力计的构造和组成如图 22-24 所示。通常斜管可固定在 5 个不同的倾斜角度位置上，可以得到 5 种不同的测量范围。工作液体一般选用表面张力较小的酒精。

令

$$K = \rho g \left(\sin\alpha + \frac{f}{F} \right) \quad (22-29)$$

式中　K——仪器常数，K 值一般定为 0.2、
0.3、0.4、0.6、0.8 五个，分别
标在斜管压力计的弧形支架上。

此时，式 (22-28) 可写为

$$p_g = Kl \quad (\text{Pa}) \quad (22-30)$$

斜管式压力计结构紧凑，使用方便，适宜
在周围气温为 $10 \sim 35℃$、相对湿度不大于
80%，且被测气体对黄铜、钢材无腐蚀的场合
下使用，其测量范围为 $0 \sim \pm 2.0 \times 10^3 \text{Pa}$，由
于斜管的放大作用提高了压力计的灵敏度和读
数的精度，因此最小可测量到 1Pa 的微压。

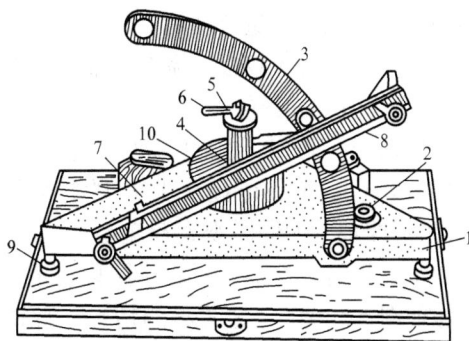

图 22-24　常用斜管式压力计的构造和组成
1—底板；2—水准器；3—弧形支架；4—加液盖；
5—零位调节旋钮；6—多向阀手柄；7—游标；
8—倾斜测量管；9—地脚螺栓；10—容器

使用该压力计前，先将酒精（$\rho=0.81\text{g/cm}^2$）注入压力计的容器内，调好零位。压力
计应放置平稳，以水准气泡调整底板，保证压力计的水平状态。根据被测压力的大小，选择
仪器常数 K，并将斜管固定在支架相应的位置上。按测量的要求将被测点接到压力计上，可
测得全压、静压和动压。

根据实验，斜管的倾斜角度不宜太小，一般以不小于 15° 为宜，否则读数会困难，反而增
加测量误差。应注意检查与压力计连接的橡胶管各接头处是否严密。测量完毕应将酒精倒出。

4. 补偿式微压计

补偿式微压计是根据 U 形管连通器的原理，以光学仪器指示，用改变液位补偿压力的
变化来测量空气压力的。

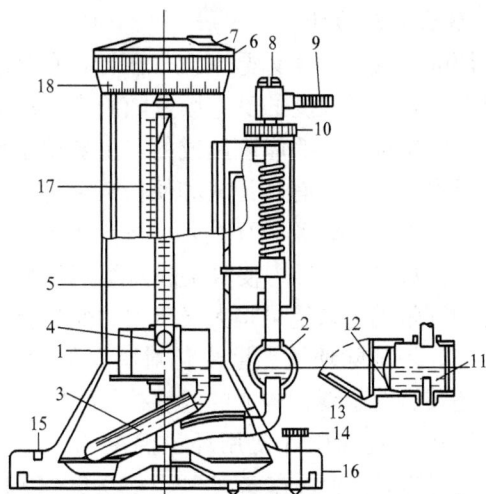

图 22-25　补偿式微压计的结构
1—可动容器；2—固定容器；3—橡皮管；4—负压接头；
5—微动螺杆；6—旋转头；7—圆顶塞头；8—封闭螺栓；
9—正压接头；10—调零螺母；11—顶针；12—透镜；
13—反射境；14—地脚螺栓；15—水准泡；
16—底座；17—标尺；18—游标尺

补偿式微压计的结构如图 22-25 所示。
在可动容器与固定容器间用橡胶管相连成为
连通器。转动旋转头可使可动容器在微动螺
杆上升降，移动的高度可从标尺和游标尺上
读出。固定容器中装有金属顶针，通过反射
镜可以看到顶针及其在工作液体中的倒影，
其图像如图 22-26 所示。

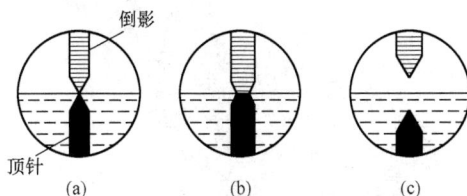

图 22-26　补偿式微压计反射镜中可能
出现的三种图像

补偿式微压计测量范围为 $0\sim1.5\times10^3$ Pa，读数精确，灵敏度高，最小可以测到 0.1Pa。但它惰性较大，反应较慢，调节时需要的时间较长，不宜测量波动较大的压力变化，通常可用以校验其他压力计。

使用该压力计时，先用水准气泡调整底板，使压力计处于水平位置。将可动容器调至最低位置，也就是负压接头上的刻线和游标尺均对准零位。打开封闭螺栓注入工作液体（通常为蒸馏水）的同时观察反射镜中顶针的图像变化。当图像接近于图 22-26（a）时，停止加水，将封闭螺栓拧紧。待图像稳定以后，调节调零螺母，使固定容器略有升降，最终使图像如图 22-26（a）所示的情形，此时两容器中液面高度相等，且零位也已经调好。根据测量的需要，将被测点与补偿式微压计连接，正压或较大压力的测点接至正压接头，也就是接到固定容器上；负压或较小压力的测点接至负压接头，也就是接到可动容器上。当测量压力时，固定容器内的液面下降，工作液体流入可动容器内使其液面上升，原有的平衡图像改变，固定容器内顶针露出水面，如图 22-26（b）所示。这时，一边观察镜中图像，一边慢慢地顺时针转动旋转头，使可动容器升高，让工作液体流回固定容器中。当液面升到某一位置时，反射镜中又重现了如图 22-26（a）所示的图像。这是可动容器升高后液体产生的压力与被测压力平衡的结果。此时，读取的标尺和游标尺上的数值便是被测压力值。

补偿式微压计反应较慢，测定中一定要耐心仔细，动作不可过急。当出现如图 22-26（c）所示的图像时，说明压力补偿过大，也就是可动容器的位置过高，需逆时针转动旋转头，降低可动容器便可恢复正常图像。

二、弹簧式压力计

弹性元件受外力作用时会产生变形，同时也产生了反抗外力的弹性力。当两者平衡时，变形即停止。弹性变形与外力的大小成一定的函数关系。弹簧式压力计即是将弹性元件感受到的压力信号转换为机械或电气信号来测量压力的。

1. 膜盒式压力计

常用的膜盒式压力计是空盒气压计，它是利用一组有较大变形挠度的真空膜盒随着大气压力变化而产生纵向变形的原理制成的，主要用于测量大气压力。压力计有自记式和便携式两种。自记式空盒气压计如图 22-27 所示，感受压力的元件为真空膜盒组，当压力使真空膜盒组产生变形后，传动杆带动记录笔可将大气压力的变化自动记录下来。为消除环境温度变化对膜盒的影响，压力计还装有双金属片构成的温度补偿装置。

自记式空盒气压计使用环境温度为 $-10\sim40℃$，利用调整装置可在 $8.7\times10^4\sim10.5\times10^4$ Pa 范围内记录任意 9×10^3 Pa 区间内的气压变化。

便携式空盒气压计工作原理与自记式空盒气压计相同。它的压力感应真空膜盒通过传动机构带动指针可在刻度盘上直接指示出当时当地的大

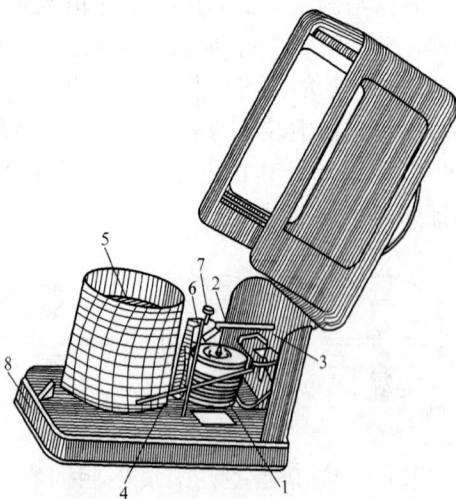

图 22-27 自记式空盒气压计

1—真空膜盒组；2—杠杆；3—拉杆；4—记录笔；
5—自记钟；6—笔挡；7—定位螺栓；8—按钮

气压力值。整套机构装在塑料壳里，然后放入特制的皮盒中，因此便于携带。

便携式空盒气压计的测量范围为 $8.0×10^4～10.64×10^4$ Pa，使用环境温度为 $-10～40℃$，测量误差不大于 $2.0×10^2$ Pa，仪表最小分度值为 $1.0×10^2$ Pa。

2. 弹簧管式压力计

弹簧管式压力计有单圈和多圈之分，它是在力的平衡基础上将压力信号转换位移来显示被测压力的。单圈弹簧管式压力计如图 22-28 所示，表中有一根截面为椭圆形并弯成圆弧的金属弹簧管，它的一端固定并与被测压力接通，另一端封闭但可自由移动。当被测压力作用于弹簧管以后，管子截面由椭圆形趋向于圆形，刚度增大，弹簧管自由端伸展外移，这个位移经由连杆、齿轮，带动指针转动，在刻度盘上指出被测压力的值。指针转角的大小与压力的大小成正比。

弹簧管式压力计结构简单，使用方便，应用广泛，可用于高、中、低压的测量，其测量范围为 $0～9.81×10^8$ Pa，精度等级为 0.5～2.5 级。

使用时，应根据被测压力的大小选择适当测量范围的弹簧管式压力计，压力计的安全系数应在允许范围内。必须注意被测介质的化学性质，例如，测量氨气的压力时，应采用不锈钢弹簧管；测量氧气的压力时，严禁沾有油脂，以确保安全。

图 22-28　单圈弹簧管式压力计
1—固定端；2—弹簧管；3—连杆；4—扇形齿轮；5—中心齿轮；6—指针；7—刻度盘；8—扇形齿轮轴

弹簧管式压力计的校验，是将被校压力计与标准压力计在压力计校验台上产生某一定值压力下进行比较的。为保护标准压力计使被校压力计达到足够的精确度，所选标准压力计应比被校压力计的测量上限高出 1/3，精度等级高 3 倍。

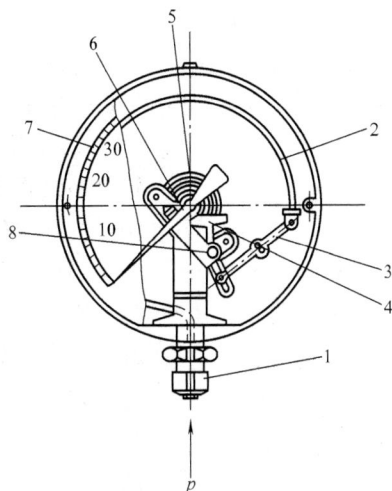

仪表五　流量测量仪表

气体和液体无固定形状且易于流动，而被称为流体。流体在单位时间内流过管道或设备某一横截面的数量称为流量。流量以体积单位表示的称为体积流量，单位为 m^3/h；流量以质量单位表示的称为质量流量，单位为 kg/h。质量流量与体积流量的关系为

$$G = \rho L \tag{22-31}$$

式中　G——流体的质量流量，kg/h；

ρ——流体的密度，kg/m^3；

L——流体的体积流量，m^3/h。

其中，密度 ρ 是随流体的状态参数而变化的，所以在给出体积流量的同时也应给出流体的状态参数。

流量的测量有直接法和间接法。直接法是以标准体积和标准时间为依据，准确测量出某一时间内流过的流体总量，从而计算出单位时间的平均流量。间接法是通过测量与流量有对应关系的物理变化而求出流量，这是工程上和科学实验中常采用的方法。间接法测量流量的

仪表有很多，大致分为容积式和速度式两大类。

下面主要介绍几种常用的速度式流量计。

一、差压式流量计

差压式流量计是根据流体流动节流时，因流速的变化在节流装置前后产生压差来测量流量的。

1. 转子流量计

转子流量计是恒压差变截面流量计，它在测量过程中保持节流装置前后的压差不变，而节流装置的流通面积随流量而变化。

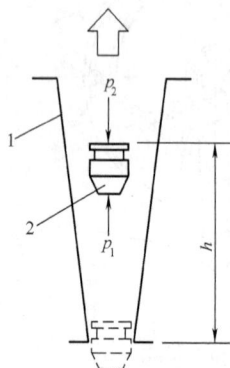

图 22-29　转子流量计
1—圆锥管；2—转子

转子流量计如图 22-29 所示。它由一个向上渐扩的圆锥管和在管内随流量大小而上下浮动的转子（也称浮子）组成。当流体流经转子与圆锥管之间的环形缝隙时，因节流而产生的压力差（$p_1 - p_2$）的作用使转子上浮。当作用于转子的向上力与转子在流体中的重力相平衡时，转子就稳定在管中某一位置。此时，若加大流量，压差就会增加，转子随之上升，因转子与圆锥管间流通面积的增大从而使压差减小恢复到原来的数值，这时转子已平衡于一个新的位置。若流量减小，上述各项变化也相反。总之，在测量过程中，因转子位置的变化而使环形流通面积发生了变化；因转子的质量是不变的，无论转子处于任何位置，其两端的压差也是不变的。转子流量计是利用转子平衡时位置的高低直接刻度流量值的。

经分析，转子流量计的流量方程为

$$L = h\left[\varepsilon\alpha\pi(R+r)\tan\varphi\right]\sqrt{\frac{2}{\rho}\Delta p} \tag{22-32}$$

$$\Delta p = \frac{V}{F}(\rho_1 - \rho)g \tag{22-33}$$

式中　L——被测流体的流量；

　　　h——转子平衡位置的高度；

　　　ε——流体膨胀修正系数；

　　　α——流量系数；

　R、r——圆锥管 h 处截面半径和转子最大处的截面半径；

　　　φ——圆锥管的夹角；

　ρ、ρ_1——流体和转子的密度；

　　　Δp——转子前后的压差；

　　　V——转子的体积；

　　　F——转子的最大面积。

转子流量计中转子的材料依据被测流体的化学性质确定，有铜、铝、铅、不锈钢、塑料、硬橡胶、玻璃等。圆锥管的材料，对于直读式的多用玻璃管（又称为玻璃转子流量计），对于远传式的多用不锈钢。

转子流量计是非标准化仪表，通常经实测来标记刻度值，标尺标以流量单位，如 m^3/h 等。转子流量计适宜测量各种气体、液体和蒸汽等的流量，其测量范围：对液体可从每小时十几升到几百立方米，对气体可达几千立方米；基本测量误差约为刻度最大值的±2%。转子流量计应垂直安装，不允许有倾斜，被测流体应自下而上流动，不能反向。必须注意，转子直径最大处是读数处，使用时，应缓慢旋开控制阀门，以免突然开启转子急剧上升而损坏玻璃管。

转子流量计出厂时已经标定。标定时，水的参数为 $T_0=273+20K$，$p_j=101\ 325Pa$，$\rho=998kg/m^3$，$\mu=1.0\times10^{-3}Pa\cdot s$。空气的参数为 $T_0=273+20K$，$\varphi=80\%$，$p_j=101\ 325Pa$，$\rho=1.2kg/m^3$，$\mu=1.73\times10^{-6}Pa\cdot s$。

转子流量计的校验，通常是使标准状态的水（或空气）流过流量计，测出水（或空气）注满容器所需的时间，按式（22-34）、式（22-35）求出实际流量值，即

$$L_1=\frac{60V}{\tau} \tag{22-34}$$

或

$$L_2=\frac{3.6V}{\tau} \tag{22-35}$$

式中　L_1——经过流量计的实际流量，L/min；

　　　L_2——经过流量计的实际流量，m^3/h；

　　　V——容器的体积，L；

　　　τ——流体注满容器所需的时间，s。

将实际流量值与转子流量计指示值进行比较，从而可确定被校转子流量计的误差。

使用转子流量计测量流量时，若所测流体的密度、温度、压力与标定状态不同，应予以修正。

（1）测量液体时

$$L=L_N\sqrt{\frac{\rho_0(\rho_j-\rho)}{\rho(\rho_j-\rho_0)}} \tag{22-36}$$

当 $\rho_j\gg\rho_0$、$\rho_j\gg\rho$ 时，式（22-36）可简化为

$$L=L_N\sqrt{\frac{\rho_0}{\rho}} \tag{22-37}$$

（2）测量气体时

$$L=L_N\sqrt{\frac{\rho_0}{\rho}}\sqrt{\frac{p_0T}{pT_0}} \tag{22-38}$$

当被测气体与标定气体相同时，式（22-38）可简化为

$$L=L_N\sqrt{\frac{p_0T}{pT_0}} \tag{22-39}$$

式中　L——实际流量值，L/min；

　　　L_N——刻度流量值（标定流量值），L/min；

　　　ρ_0——标定时介质的密度，kg/m^3；

　　　ρ_j——转子的密度，kg/m^3；

　　　ρ——被测介质的密度，kg/m^3；

p_0——标准状态下空气的绝对压力，Pa；

T_0——标准状态下空气的绝对温度，K；

p——被测空气的绝对压力，Pa；

T——被测空气的绝对温度，K。

2. 进口流量管（双纽线集流器）

进口流量管是装在进风管端部测量空气流量的装置。当气体进入管道时，经过渐缩的进口流量管的曲面而逐步加速，此时静压降低，可以根据这个压差的变化计算出流量的变化。由此可知，进口流量管也属节流差压式流量计，其装置如图 22-30 所示。进口流量管一端做成喇叭形集流器，另一端与负压管道相连，在测压孔处可接压力计测量该处的静压。

列出 0-0、1-1 两断面间的伯努里方程，即

$$B = p_j + \frac{\rho v^2}{2} + \xi \frac{\rho v^2}{2} \qquad (22-40)$$

$$v = \frac{1}{\sqrt{1+\xi}} \sqrt{\frac{2}{\rho}(B - p_j)} \qquad (22-41)$$

令

$$\alpha = \frac{1}{\sqrt{1+\xi}} \qquad (22-42)$$

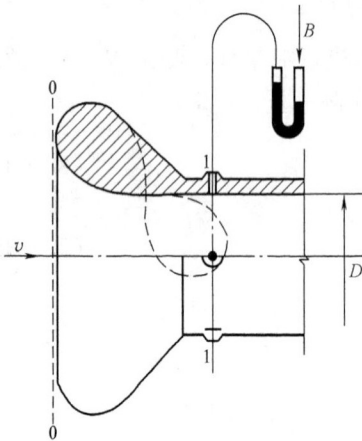

图 22-30　进口流量管装置

流量方程为

$$L = \alpha F \sqrt{\frac{2}{\rho}(B - p_j)} \qquad (22-43)$$

式中　B——大气压力，Pa；

　　　p_j——测压孔处测得的静压，Pa；

　　　ρ——被测气体的密度，kg/m³；

　　　v——气体流速，m/s；

　　　ξ——进口流量管的局部阻力系数；

　　　α——流量系数，一般为 0.97～0.99；

　　　L——气体流量，m³/s；

　　　F——进口流量管接管的截面面积，m²。

进口流量管的曲面有圆弧形和双纽线形等，一般常采用双纽线形，这是因双纽线能较均匀光滑地过渡到所接管段上，其结构如图 22-31 所示。

双纽线极坐标方程为

$$r^2 = a^2 \cos 2\theta \qquad (22-44)$$

设计制作中一般取 $\theta = 0° \sim 45°$，$a = (0.6 \sim 0.8)D$，$L = (0.7 \sim 0.9)D$，$D' = (1.85 \sim 2.13)D$。静压孔距管口为 $(0.25 \sim 0.3)D$。

进口流量管制作加工应精细，内表面要求光滑，与直管相接处不得有凸起，以便保证流场均

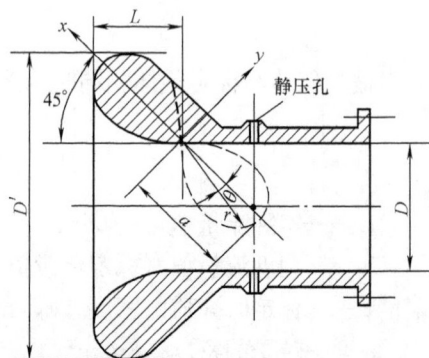

图 22-31　双纽线进口流量管结构

匀，流量系数稳定。

　　使用进口流量管测量流量时，需注意在管道轴线方向 $10D$、垂直管道轴线方向 $4D$ 的范围内不应有障碍物，以免干扰气流。

　　由式（22-42）可知，流量系数 α 与进口流量管局部阻力有关，通常在实验台上进行标定。

　　3. 孔板流量计和喷嘴流量计

　　孔板、喷嘴、文丘里管等是将被测流体的流量转换为压差的节流装置。

　　流体流经节流装置如孔板时，流体的流通面积突然缩小，从而使流束收缩，在压头的作用下流体的流速增大；在节流孔后，由于流通面积又变大，使得流束扩大，流速降低，其现象如图 22-32 所示。与此同时，节流装置前、后流体的静压力出现压力差 Δp，$\Delta p = p_1 - p_2$，并且 $p_1 > p_2$，这就是节流现象。流体的流量越大，节流装置前、后的压差也就越大，因此，用压差来求得流量的大小。

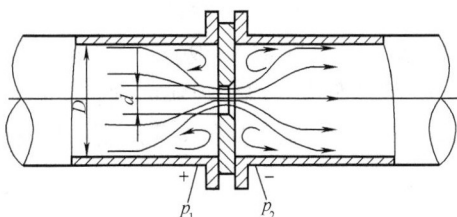

图 22-32　流体流经节流装置——
孔板时的节流现象

　　不可压缩流体的体积流量方程为

$$L = \alpha F_0 \sqrt{\frac{2(p_1 - p_2)}{\rho}} \qquad (22-45)$$

　　质量流量方程为

$$G = \alpha F_0 \sqrt{2\rho(p_1 - p_2)} \qquad (22-46)$$

式中　L——流经节流装置的体积流量，m^3/s；

　　　G——流经节流装置的质量流量，kg/s；

　　　α——流量系数，一般由实验确定；

　　　F_0——节流装置开孔截面面积，m^2；

　　　ρ——流体的密度，kg/m^3；

　p_1、p_2——节流装置前、后的静压，Pa。

　　在工程中为了简化计算，给出实用流量方程，如孔板为

$$L = 0.04\alpha\varepsilon d^2 \sqrt{\frac{\Delta p}{p}} = 0.04\alpha\varepsilon m D^2 \sqrt{\frac{\Delta p}{p}} \qquad (22-47)$$

$$G = 0.04\alpha\varepsilon d^2 \sqrt{\rho\Delta p} = 0.04\alpha\varepsilon m D^2 \sqrt{\rho\Delta p} \qquad (22-48)$$

$$m = \frac{F_0}{F} = \frac{d^2}{D^2} \qquad (22-49)$$

式中　L——体积流量，m^3/h；

　　　G——质量流量，kg/h；

　　　ε——流体膨胀修正系数，对于不可压缩流体 $\varepsilon = 1$，对于可压缩流体 $\varepsilon < 1$；

　　　d——孔板开孔直径，mm；

　　　Δp——孔板前后的静压差，Pa；

　　　m——孔板开孔面积与管道内截面面积之比；

F——管道内截面面积，mm^2；

F_0——孔板开孔面积，mm^2；

D——管道内径，mm。

在流量方程中，流量系数的确定是十分重要的。当采用标准节流装置和取压方式（角接取压）后，流量系数取决于雷诺数 Re 和截面比 m，它们可从有关设计、使用手册中查出。

常用的标准孔板是一块开有与管道同心的圆孔且直角入口边缘非常尖锐的金属薄板，如图 22-33 所示。用于不同管道直径的标准孔板，其结构呈几何相似。一般孔板边缘厚度 $e=(0.005\sim0.02)D$（管道内径），当孔板厚度 $E>0.02D$ 时，出口侧应有一个向下游扩散开的光滑锥面，其斜角应在 $30°\sim45°$ 之间，安装孔板时与管道轴线的垂直偏差不得超过 $\pm1°$。

标准喷嘴是由两个圆弧曲面构成的入口收缩部分和与之相接的圆筒形口部分组成的，如 22-34 所示。用于不同管道直径的标准喷嘴，其结构也呈几何相似。

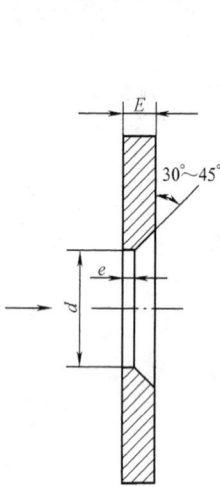

图 22-33 标准孔板

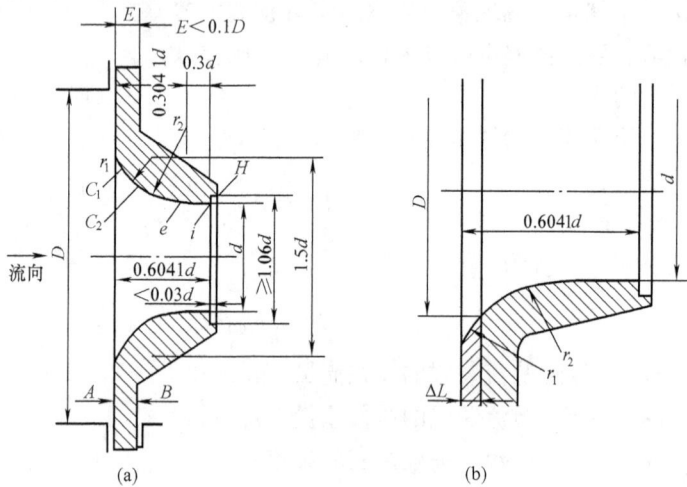

图 22-34 标准喷嘴

(a) $\beta\leqslant\dfrac{2}{3}$；(b) $\beta>\dfrac{2}{3}$

喷嘴型线包括进口端面 A、下游侧端面 B、第一圆弧曲面 C_1、第二圆弧曲面 C_2、圆筒形喉部 e、喉部出口边缘保护槽 H 等几部分。

型线 A、C_1、C_2、e 之间必须相切，不能有不光滑部分，C_1、C_2 的圆弧半径 r_1、r_2 的加工公差为：

当 $\beta\leqslant0.5$ 时，$r_1=0.2d\pm0.022d$，$r_2=\dfrac{d}{3}\pm0.03d$；

当 $\beta>0.5$ 时，$r_1=0.2d\pm0.006d$，$r_2=\dfrac{d}{3}\pm0.01d$。

其中，β 为孔口直径 d 与管道直径 D 之比。

当 $\beta>\dfrac{2}{3}$ 时，直径为 $1.5d$ 将大于管道内径 D，应将喷嘴上游侧端去掉一部分，即图 22-34(b) 中的 ΔL 部分，ΔL 为

$$\Delta L=\left[0.2-\left(\frac{0.75}{\beta}-\frac{0.25}{\beta^2}-0.5225\right)^{\frac{1}{2}}\right]d \qquad (22-50)$$

喷嘴厚度 $E < 0.1D$，即保护槽 H 的直径至少为 $1.06d$，轴向长度最大为 $0.03d$。根据国际标准化组织（ISO）的建议，对于单个喷嘴的空气流量计算公式为

$$L = 1.41CF_n\sqrt{\frac{2}{\rho_n}\Delta p_n} \tag{22-51}$$

$$G = 2CF_n\sqrt{\Delta p_n\rho_n} \tag{22-52}$$

式中　L——流经喷嘴的空气体积流量，m^3/s；

　　　G——流经喷嘴的空气质量流量，kg/s；

　　　C——喷嘴的流量系数；

　　　F_n——喷嘴喉口面积，m^2；

　　　ρ_n——空气的密度，kg/m^3；

　　　Δp_n——喷嘴前后的静压差，Pa。

采用标准节流装置测量流量时，应注意以下几点：被测液体应是单项的、均匀的、无旋转并且是满管、连续、稳定的流动，流束与管道轴线平行；所接管道应是直的圆形管道，节流装置前后应有足够的长度。

二、涡轮流量计

涡轮流量计由流量变送器和运算、显示仪表组成。涡轮流量变送器的结构如图 22-35 所示。当流体经过变送器时，涡轮叶片旋转。磁—电转换器装在壳体上，有磁阻式和感应式两种。磁阻式磁—电转换器是把磁钢放在感应线圈内，涡轮叶片用导磁材料制成。当涡轮旋转时，磁路中的磁阻发生周期性的变化，感应出脉冲电信号。感应式磁—电转换器是在涡轮内腔中放一磁钢，它的转子叶片用非磁性材料制成，磁钢与转子一同旋转，在固定于壳体上的线圈内感应出电信号。目前，因磁阻式磁—电转换器装置比较简单可靠，应用较为广泛。

涡轮流量变送器的特性一般以 $f\text{-}Q$ 或 $K\text{-}Q$ 关系曲线来表示，如图 22-36 所示。涡轮流量计仪器常数为

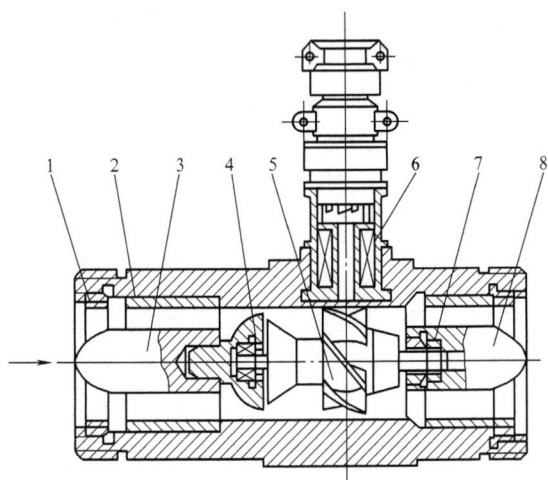

图 22-35　涡轮流量变送器的结构

1—紧固环；2、3—前导流器；4—止推片；5—涡轮叶片；

6—磁—电转换器；7—轴承；8—后导流器

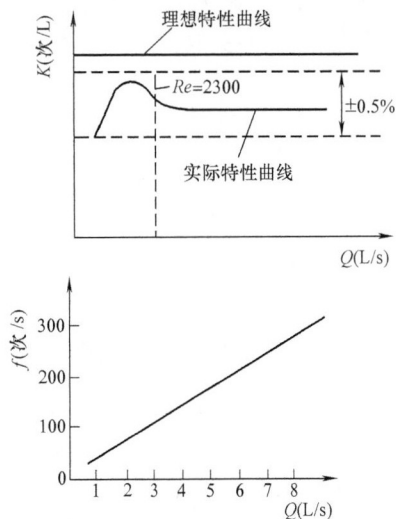

图 22-36　$f\text{-}Q$ 和 $K\text{-}Q$ 特性曲线

$$K = \frac{f}{Q} \tag{22-53}$$

式中　K——仪器常数，次/L，通常由厂家标定后给出；

　　　　f——输出信号频率，次/s；

　　　　Q——体积流量，L/s。

理想的 K-Q 特性曲线应是一条水平直线，但由于各种阻力矩的存在，使它呈一曲线。仪器适用的流量范围，应选在特性曲线的线性部分，变送器最好工作在流量上限的 50% 以上，从而避免较大的测量误差。

涡轮流量计的显示仪表通常为脉冲频率测量和计数的仪表，可将涡轮流量变送器输出的单位时间内的脉冲总数按瞬时流量和累计流量显示出来。

由于涡轮流量计的信号能远距离传送、精度高、反应快、量程宽、线性好，涡轮具有体积小、耐高压、压力损失小等特点，因此得到了广泛的应用。

参 考 文 献

[1]　蔡增基，龙天渝. 流体力学泵与风机. 北京：中国建筑工业出版社，2009.

[2]　廉乐明，谭羽非. 工程热力学. 北京：中国建筑工业出版社，2007.

[3]　张熙民，任泽霈. 传热学. 北京：中国建筑工业出版社，2001.

[4]　黄治钟. 楼宇自动化原理. 北京：中国建筑工业出版社，2003.

[5]　方修睦. 建筑环境测试技术. 北京：中国建筑工业出版社，2002.

[6]　连之伟. 热质交换原理与设备. 北京：中国建筑工业出版社，2007.

[7]　付祥钊，王岳人. 流体输配管网. 北京：中国建筑工业出版社，2001.

[8]　段常贵. 燃气输配. 北京：中国建筑工业出版社，2001.

[9]　贺平. 供热工程. 北京：中国建筑工业出版社，2009.

[10]　吴味隆. 锅炉及锅炉房设备. 北京：中国建筑工业出版社，2006.

[11]　孙一坚. 工业通风. 北京：中国建筑工业出版社，1994.

[12]　赵荣义，范存养等. 空气调节. 北京：中国建筑工业出版社，2009.